软件职业技术学院"十一五"规划教材

SQL Server 2005 数据库实践教程
——管理与维护篇

主　编　钱　哨　张继红　陈小全

副主编　王向慧　朱继顺　胡宝莲　李挥剑

中国水利水电出版社
www.waterpub.com.cn

内 容 提 要

　　本书针对计算机网络管理专业的教学特点，坚持实用技术和实际案例相结合的原则，注重操作能力和实践技能的培养，以案例与核心知识讲解为主线，详尽介绍 SQL Server 2005 管理与日常维护所需要的基本理论知识和高级应用。内容包括：SQL Server 2005 概述、数据库备份与恢复技术、数据库转换与复制技术、SQL Server 2005 的安全性、自动化管理任务、SQL Server 2005 分析服务、SQL Server 2005 报表服务等内容。同时为配合本书的课堂内、外授课效果，还编写了课后小结、作业及实训练习。为完整地体现 SQL Server 2005 的课程体系，还同时出版了《SQL Server 2005 数据库实践教程——开发与设计篇》，主要论述数据库编程与开发设计的内容，对本书知识而言是另外一部分的重要知识体系。

　　本书不仅适用于高等院校网络管理、计算机应用、信息管理、电子商务、软件技术等各专业的教学，也可作为企业从业人员在职培训以及社会 IT 人士提高应用技能与技术的教材，对于广大 SQL Server 2005 数据库自学者也是一本有益的读物。

　　本书配有电子教案和源代码，读者可以到中国水利水电出版社网站或万水书苑免费下载，网址：http://www.waterpub.com.cn/softdown/或 http://www.wsbookshow.com；或者到作者博客讨论和下载资料：http://qianshao.blog.51cto.com/。

图书在版编目（C I P）数据

SQL Server 2005数据库实践教程. 管理与维护篇 /
钱哨，张继红，陈小全主编. -- 北京：中国水利水电出
版社，2010.6（2014.6 重印）
软件职业技术学院"十一五"规划教材
ISBN 978-7-5084-7529-5

Ⅰ. ①S… Ⅱ. ①钱… ②张… ③陈… Ⅲ. ①关系数
据库－数据库管理系统，SQL Server 2005－高等学校：技
术学校－教学参考资料 Ⅳ. ①TP311.138

中国版本图书馆CIP数据核字(2010)第092849号

策划编辑：石永峰　　责任编辑：宋俊娥　　加工编辑：杨继东　　封面设计：李 佳

书　　名	软件职业技术学院"十一五"规划教材 SQL Server 2005 数据库实践教程——管理与维护篇
作　　者	主编 钱 哨 张继红 陈小全 副主编 王向慧 朱继顺 胡宝莲 李挥剑
出版发行	中国水利水电出版社 （北京市海淀区玉渊潭南路 1 号 D 座　100038） 网址：www.waterpub.com.cn E-mail: mchannel@263.net（万水） 　　　　sales@waterpub.com.cn 电话：（010）68367658（发行部）、82562819（万水）
经　　售	北京科水图书销售中心（零售） 电话：（010）88383994、63202643、68545874 全国各地新华书店和相关出版物销售网点
排　　版	北京万水电子信息有限公司
印　　刷	三河市鑫金马印装有限公司
规　　格	184mm×260mm　16 开本　15 印张　393 千字
版　　次	2010 年 6 月第 1 版　2014 年 6 月第 3 次印刷
印　　数	4001—5000 册
定　　价	26.00 元

序

随着信息技术的广泛应用和互联网的迅猛发展，以信息产业发展水平为主要特征的综合国力竞争日趋激烈，软件产业作为信息产业的核心和国民经济信息化的基础，越来越受到世界各国的高度重视。中国加入世贸组织后，必须以积极的姿态，在更大范围和更深程度上参与国际合作和竞争。在这种形势下，摆在我们面前的突出问题是人才短缺，计算机应用与软件技术专业领域技能型人才的缺乏尤为突出，无论是数量还是质量，都远不能适应国内软件产业的发展和信息化建设的需要。因此，深化教育教学改革，推动高等职业教育与培训的全面发展，大力提高教学质量，是迫在眉睫的重要任务。

2000 年 6 月，国务院发布《鼓励软件产业和集成电路产业发展的若干政策》，明确提出鼓励资金、人才等资源投向软件产业，并要求教育部门根据市场需求进一步扩大软件人才培养规模，依托高等学校、科研院所，建立一批软件人才培养基地。2002 年 9 月，国务院办公厅转发了国务院信息化工作办公室制定的《振兴软件产业行动纲要》，该《纲要》明确提出要改善软件人才结构，大规模培养软件初级编程人员，满足软件工业化生产的需要。教育部也于 2001 年 12 月在 35 所大学启动了示范性软件学院的建设工作，并于 2003 年 11 月启动了试办示范性软件职业技术学院的建设工作。

示范性软件职业技术学院的建设目标是：经过几年努力，建设一批能够培养大量具有竞争能力的实用型软件职业技术人才的基地，面向就业、产学结合，为我国专科层次软件职业技术人才培养起到示范作用，并以此推动高等职业技术教育人才培养体系与管理体制和运行机制的改革。要达到这个目标，建立一套适合软件职业技术学院人才培养模式的教材体系显得尤为重要。

高职高专的教材建设已经走过了几个发展阶段，由最开始本科教材的压缩到加大实践性教学环节的比重，再到强调实践性教学环节，但是学生在学习时还是反映存在理论与实践的结合问题。为此，中国水利水电出版社在经过深入调查研究后，组织了一批长期工作在高职高专教学一线的老师，编写了这套"软件职业技术学院'十一五'规划教材"，本套教材采用项目驱动的方法来编写，即全书所有章节都以实例作引导来说明各知识点，各章实例之间并不是孤立的，每个实例都可以作为最终项目的一个组成部分；每一章章末还配有实习实训（或叫实验），这些实训组合起来是一个完整的项目。

采用这种方式编写的图书与市场上同类教材相比更具优越性，学生不仅仅学到了知识点，还通过项目将这些知识点连成一条线，开拓了思路，掌握了知识，达到了面向岗位的职业教育培训目标。

本套教材的主要特点有：

（1）课程主辅分明——重点突出，教学内容实用。

（2）内容衔接合理——完全按项目运作所需的知识体系结构设置。

（3）突出实习实训——重在培养学生的专业能力和实践能力，力求缩短人才与企业间的磨合期。

（4）教材配套齐全——本套教材不仅包括教学用书，还包括实习实训材料、教学课件等，使用方便。

本套教材适用于广大计算机专业和非计算机专业的大中专院校的学生学习，也可作为有志于学习计算机软件技术与开发的工程技术人员的参考教材。

编委会

2006 年 7 月

前　　言

本书面向的读者

本书源于计算机及应用软件教学第一线教师多年的随堂讲义和授课心得，面向 SQL Server 2005 的初、中级用户，全面系统地介绍 SQL Server 2005 的特点、SQL Server 2005 数据库服务器管理、配置与维护知识和具体的应用案例。全书由浅入深，层层深入地讲解 SQL Server 2005 服务器从安装配置，到日常管理维护以及安全性能的具体知识，在学习中每章不仅有配套的电子文档和讲义，还有配套的学习资料与源代码。

本书以教师课堂实际授课案例为主线，融合关系型数据库理论和管理维护理念于其中，不仅适合希望了解并深入学习 SQL Server 2005 的读者使用，也适合作为 SQL Server 2005 培训的教材。

本书的组织结构

为了配合 SQL Server 2005 数据库管理课程的教学工作，体现本教材的编写特色，更好地为读者服务，编写了此教学资料。教学资料内容有四个部分：

第一部分是学习指南，包括课程性质与任务、预备知识、教学内容与教学时间分配。

第二部分是书籍正文，教师可以在课堂演示的基础上，布置学生根据教材的案例，完成上机实践操作。同时，在每章后面都有课后作业和考核要点内容，重点章节还包括实训内容，教师可以布置学生在课余完成有关作业和实训工作。

第三部分是电子教案，采用 PowerPoint 课件形式。教师可以根据不同的教学要求按需选取和重新组合。

第四部分是参考文献，教师每讲授一章都有辅助的文献资料，这些资料都是来源于互联网，是很多工作在软件开发一线的 SQL Server 2005 设计者心血的结晶，对扩展学生眼界，拓展学生课余知识可以起到很好的辅助效果。

本书由钱哨、张继红、陈小全任主编，王向慧、朱继顺、胡宝莲、李挥剑任副主编。全书由钱哨统稿，最后由朱继顺、胡宝莲进行修改并定稿。参加本书编写的还有夏永恒、鲁一力、何文、张传立、潘静虹、黄少波、王满师、潘静虹、李继哲、王建社、俞瀛、亢娟娜等。本书的出版还凝聚了很多学习本课程的学生的帮助：邓南洲、傅凯铮、李小龙、施正、陈昌、李晓云、陈昌明、林辉，他们在校稿、策划、预读、资料收集整理、课件制作等方面也做了很多工作，在此表示感谢。特别指出的是，本书的顺利出版与中国水利水电出版社的大力支持是分不开的，在此深表谢意。

由于时间仓促，加之编者水平有限，教学资料中有错误或不妥之处，请读者给予批评指正。

编　者

2010 年 3 月

目　　录

学习指南

一、课程的性质与任务

SQL Server 2005 是微软历时多年打造的数据库管理系统软件，作为业界著名的数据库产品，与 SQL Server 2000 产品有很大的区别，但又保持着千丝万缕的联系。因为 SQL Server 2005 数据库产品的内容纷繁复杂，既需要阐述清楚 SQL Server 2005 与数据库理论之间的关联，又需要介绍该数据库产品的开发和规划设计，还需要说明清楚 SQL Server 2005 的安装配置和管理，显然在一本教材中很难将所有的 SQL Server 2005 的知识体系阐述清楚，因此编者在教材设计时特意将《SQL Server 2005 数据库实践教程》分成"管理与维护篇"和"开发与设计篇"，分别适合于网络管理专业和软件开发专业。当然，从知识体系上说，如果可以双书合一就是完整的 SQL Server 2005 数据库知识体系了。

本书的课程性质是高等院校计算机类专业的一门主干专业课，是一本数据库管理与维护性质的书籍，主要的任务是介绍 SQL Server 2005 数据库产品的特点、版本及安装、数据的备份与恢复、安全性及自动化管理、各种相关的服务配置管理等知识，从一定程度上提高学生的数据库管理技能和素质，为适应网络管理中数据库管理的职业岗位和进一步学习打下一定的基础。本课程的教学目标是使学生能运用所学的 SQL Server 2005 管理技术，根据实际需要完成在一定网络环境下的数据库服务器安装、配置与日常维护管理工作。

二、预备知识

在学习本课程之前，最好已经学习过以下课程：

（1）掌握程序设计语言，了解程序设计的基本知识，掌握基本的程序结构（顺序结构、选择结构、循环结构）。

（2）掌握数据库系统概论知识，可以通过 ER 图对数据库系统进行设计工作，掌握数据库的范式标准和好的数据库的设计原则，掌握数据库完整性概念，掌握数据库设计的基本过程和理论，掌握基本的 SQL 设计能力。

（3）掌握 Windows 服务器操作系统的配置和网络管理。

（4）已经在.NET Framework 环境下学习过 C#语言，并可以开发 C# Winform 应用程序或者 ASP.NET 基于 Web 环境下的软件系统研发。为 SQL Server 2005 在.NET Framework 环境下的配置管理和开发工作奠定一定的基础。

三、教学内容及学时安排

单元	教学主讲内容和教学要求	学时	学时分配	
			理论	实践
第 1 章：从这里开始 SQL Server 2005	（1）掌握 SQL Server 2005 的核心内容与优势，了解其演化与新特性。 （2）了解 SQL Server 2005 的发展"简史"及在整体课程体系中的地位。	4	4	0
第 2 章：SQL Server 2005 概述	（1）了解 SQL Server 数据库是属于什么类型的数据库管理系统，掌握 SQL Server 的基本结构主要包含哪 3 方面的内容。 （2）掌握 SQL Server 的 4 种服务，掌握 SQL Server 中实例的概念。 （3）上机实现通过操作系统的服务功能启动 SQL Server 服务，可以区分用户实例和 SQL\EXPRESS 实例。 （4）掌握服务器名称的 5 种填写方式，上机实现 SQL Server 2005 环境下的两种验证方式：Windows 验证和 SQL Server 验证。 （5）了解 SQL Server 2005 工具集的基本情况。 （6）了解 SQL Server 2005 版本及运行的软硬件环境。 （7）了解 SQL Server 2005 的主要组件名称以及功能特征。 （8）掌握 SQL Server 2005 安装过程，可以解决安装中出现的若干问题。 （9）上机实现注册、配置和管理 SQL Server 2005 服务器。 （10）上机实现 SQL Server 2005 命令行工具 SQLCMD，可以通过命令行实现对数据库服务器的停止、暂停和重新启动的功能；学习如何通过 SQLCMD 命令行工具实现对数据库服务器的登录以及 SQL 操作。 （11）掌握 SQL Server 2005 的系统数据库以及这些数据库的基本功能，了解元数据的概念以及如何检索元数据。 （12）掌握 SQL Server 的基本对象的概念：数据库、表、索引、视图、存储过程、触发器、全文索引。 （13）掌握如何进行 SQL Server 对象的引用方法。	8	4	4
第 3 章：数据库备份与恢复技术	（1）了解数据库备份的基本概念以及备份的基本类别是什么？ （2）掌握如何分别在可视化及命令行方式建立和删除数据库磁盘备份设备。重点考核命令行方式建立和删除数据库磁盘备份设备。 （3）掌握在可视化状态下进行完全数据备份、差异数据备份、日志数据备份的方法，重点掌握通过命令行进行完全数据备份、差异数据备份、日志数据备份的方法。 （4）理解完全数据备份、差异数据备份、日志数据备份的区别和联系。 （5）掌握在可视化状态下进行完全数据备份、差异数据备份、日志数据恢复数据的方法，重点掌握通过命令行进行完全数据备份、差异数据备份、日志数据恢复数据的方法。 （6）熟练掌握备份与恢复的案例及案例所示的命令行过程。	10	5	5
第 4 章：数据库转换与复制技术	（1）掌握数据库表中数据的导出技术，包括：将 SQL Server 数据导出为文本文件，导出到本机内其他数据库中，导出到 Access 数据库中。 （2）掌握将异构数据导入到 SQL Server 数据库，包括：将文本文件数据、Access 数据导入到 SQL Server 数据库。 （3）了解 SSIS 的基本概念和体系结构。 （4）掌握使用 SSIS 进行数据转换，包括：通过操作系统的 ODBC 将 Access 数据库中的数据导入到 SQL Server，使用迭代方法将文本数据导入到 SQL Server 2005。 （5）了解复制的概念和基本类型。 （6）了解"复制"中的服务器角色有哪些。	10	5	5

续表

单元	教学主讲内容和教学要求	学时	学时分配	
			理论	实践
第4章：数据库转换与复制技术	（7）掌握"复制"的服务器配置，包括：如何创建发布服务器、分发服务器和订阅服务器。 （8）熟练配置事务复制和快照复制。			
第5章：SQL Server 2005 的安全性	（1）了解数据库安全性的产生过程和安全措施的 5 个级别，可以区分 Windows 认证模式和 SQL Server 混合认证模式的区别。 （2）掌握用户身份认证，主体和安全对象的内涵，如何建立 Windows 认证模式下的用户登录，如何建立 sa 用户登录和 SQL Server 用户登录；掌握通过命令方式授权 Windows 用户及 SQL Server 用户登录账户，学习查看、修改和删除 SQL Server 登录账户信息。 （3）掌握用户和模式的分离，以及执行上下文概念内涵；掌握通过管理控制平台及命令行对用户进行授权与收权。 （4）掌握用户的角色概念，掌握对用户进行服务器角色授权技术，掌握通过命令形式对用户进行数据库角色授权。 （5）学习应用程序角色的创建和使用。 （6）了解加密技术的历史，了解对称加密技术，非对称加密技术和数字证书的概念；学习 SQL Server 2005 数据加密技术和加密各级别密钥的层次架构；掌握备份服务主密钥和恢复服务主密钥基本语法；掌握创建、备份、恢复、删除数据库主密钥；掌握创建、修改、删除、SQL Server 2005 数字证书，并可以使用 SQL Server 2005 数字证书加密/解密数据；掌握使用对称密钥和非对称密钥加解密 SQL Server 2005 的数据的方法。	8	4	4
第6章：自动化管理任务	（1）了解自动化管理任务的基本概念，学习自动化管理任务的优点及组件。 （2）掌握配置代理服务器技术。 （3）了解操作员的概念。 （4）掌握创建作业的基本步骤。 （5）掌握如何创建警报的步骤。 （6）学习通过 T-SQL 创建作业和操作员，以及创建自动化综合任务。	5	2	3
第7章：数据库维持高可用性	（1）理解实现 SQL Server 2005 高可用性技术分类。 （2）了解 SQL Server 2005 高可用性技术的特点。 （3）了解数据库镜像的操作模式。 （4）理解数据库镜像的工作过程。 （5）掌握 SQL Server 2005 数据库镜像原理并配置数据库镜像、监控镜像状态及实现故障转移。 （6）理解日志传送操作。 （7）掌握配置日志传送过程。	6	3	3
第8章：SQL Server 2005 分析服务	（1）理解数据源视图 （2）掌握 Analysis Services 工具的使用 （3）学习定义和部署多维数据集 （4）掌握 Analysis Services 工具的使用	3	2	1
第9章：SQL Server 2005 报表服务	（1）了解 SSRS 的基本结构，学习 SSRS 的分层结构特点。 （2）掌握 SSRS 的基本配置和扩展配置。 （3）学习并掌握创建报表服务器项目技术。 （4）学习并掌握通过报表向导创建报表技术。 （5）学习并掌握手工创建报表技术。 （6）学习并掌握创建分组报表技术。 （7）学习并掌握创建图表报表技术。	8	4	4

四、教学建议

1. 教学时间分配

总学时	62
理论课	33
教师演示+学生上机实验	29
机动（可增加）	12

2. 课程设计及作业

每章都有作业，请学生课后完成。重点章节有实训内容，根据课堂教学进度情况，可随需安排学生在机房进行实训，也可以安排在期末进行考核。

3. 考核方式及评分办法

本课程考核成绩由平时考核、期末考试及实验环节组成，分数比例为：

A 平时考核：30%，包括考勤 20%，平时表现与作业 10%。

B 期末考试：50%，指闭卷考试成绩。

C 实训考核：20%，包括实训报告和实训结果等。

课程考核总成绩=A（30%）+B（50%）+C（20%）

4. 教学条件

机房教学，学生人手一台计算机（能运行 Windows 2003 操作系统和 Visual Studio 2005 以上版本以及 SQL Server 2005 数据库管理系统）。机房需具有电脑投影设备以便于教师操作演示。

第 1 章 从这里开始 SQL Server 2005

本章内容

- 为什么需要学习 SQL Server 2005
- SQL Server 2005 的核心内容与优势
- SQL Server 2005 的演化与新特性

1-1 为什么需要学习 SQL Server 2005

学习目标

- 了解计算机软件行业的现状。
- 了解 SQL Server 在计算机专业课程体系中的位置。

1-1-1 SQL Server 2005 人才市场需求现状

目前软件市场技术需求的发展趋势是：在统一的 Web 框架下，以 B/S 开发为主要导向，整合目前的大型网络数据库技术、UML 设计以及一定的多媒体处理技术。根据当前软件行业的市场需求，笔者进行了简单的统计，如图 1-1 所示，由该图可以从另一个侧面了解对数据库管理系统软件的学习，是未来从事计算机行业非常重要的知识环节。这是由于，无论我们从事的是 Java 开发的技术路线还是.NET 的技术路线，或者是多媒体图形图像方向，底层的数据抽取、分析、计算、表现都是必须呈现给客户的技术要求。

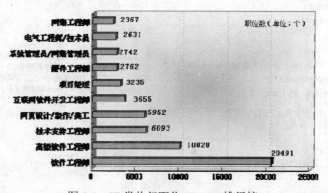

图 1-1　IT 类热门职位 Top10 排行榜

从 IT 行业长期的发展来看，在信息化工作中软硬件只是工具，而信息资源的核心是数据，数据才是信息化工作中的关键，是信息化工作的对象，是信息化工作及进一步研发的始点。如何收集数据、加工数据、提供"增值的数据服务"、通过数据实现"软件控制硬件"，才是今后 IT 行业工作的核心和重点。基于此，学习 SQL Server 2005 不能够仅仅看作是一个简单的软件技术，更重要的是学习数据库理论知识如何应用在具体的软件中，学习如何为项目规划和设计数据库系统，学习怎样配合项目在数据库底层进行智能逻辑的开发工作，学习在更长的时间内如何管理和维护运营数据库系统。

根据中华英才网 2009～2010 年对 IT 招聘企业发布信息的统计，在涉及的 1756 家公司的招聘需求中，对网络数据库软件的需求基本都涉及到（如图 1-2 所示），职位越高的岗位，对数据库建模和规划、管理维护技能的规定越严格（如图 1-3 和图 1-4 为典型的 SQL Server 2005 高级职位招聘需求）。

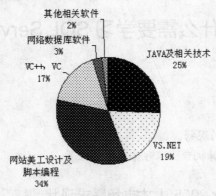

图 1-2   社会目前对 IT 从业者的技术要求

职位性质：全职	发布日期：2010-5-28	工作经验：3-5年
简历语言：中文		
工作地点：北京市		

职位描述：

1.负责数据库设计和调优；

2.负责监视服务器磁盘空间，错误日志和备份日志；

3.负责分析SQL Server日常工作状态；

4.负责系统存储、备份、灾难恢复；

5.负责制定未来的存储需求计划。

任职条件：

1.2年以上MS SQL Server DBA经验；

2.windows 2003 Server和MS SQL Server 2005，熟悉双机热备相关工作；

3.熟悉SQL Server数据库结构的设计和调优；

4.精通SQL Server存储过程的设计、开发和调试；

职位要求：

1、为人诚实、能吃苦、踏实、具有较强的上进心，良好的沟通能力

2、熟悉.NET开发平台；能熟练使用MS VS.NET 2005开发工具；练SQL SERVER（数据库设计、SQL语句的编写）；了解javascript。

3、熟悉PowerDesigner，viso 等建模工具。

图 1-3   中华英才网招聘信息   图 1-4   智联招聘网招聘信息

1-1-2   SQL Server 在计算机专业课程体系中的位置

数据库作为计算机科学的一个分支，其作用和地位在整个计算机专业的课程体系中都显得尤为

重要。在以硬件为主的计算机网络专业课程体系中，SQL Server 的学习也是必需的，这是由信息化进程中数据库服务器的核心地位决定的，如图 1-5 所示。

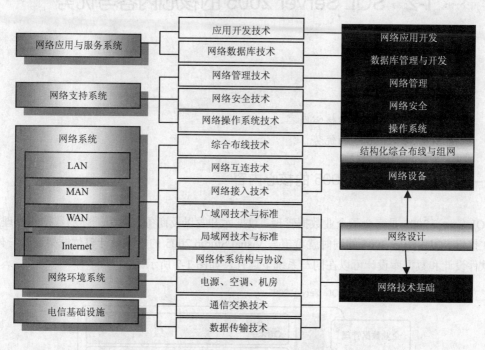

图 1-5　SQL　Server 在计算机网络专业课程体系中的地位

在软件技术开发等专业之中，SQL Server 的学习也是必需的，这是由于任何的开发工具最终都是对数据库中存储的信息进行调用和操纵后，才可以使得信息（或者数据）在用户表现层面得以体现，如图 1-6 所示。

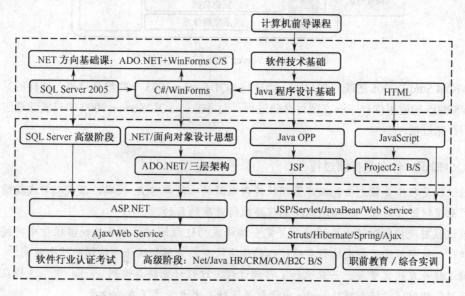

图 1-6　SQL Server 在软件技术专业课程体系中的地位

1-2 SQL Server 2005 的核心内容与优势

学习目标

- 知道 SQL Server 2005 的核心内容。
- 知道 SQL Server 2005 的优势。

1-2-1 SQL Server 2005 的核心内容

SQL Server 2005 是集合了企业数据管理、数据库开发以及商务智能为一体的数据库管理系统，微软在推出 SQL Server 2005 的同时就希望与 Visual Studio 2005 的软件设计整体框架连为一体，也使得软件设计和数据库设计可以在同一系统下运行，如图 1-7 所示。

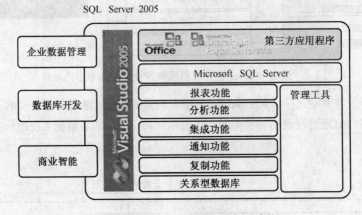

图 1-7　SQL Server 2005 的主要功能

在 Visual Studio 2005 的统一框架下，微软将 SQL Server 2005 一并整合进来，这样的好处是可以利用 VS2005 的通用性程序语言撰写存储过程，而并非如 SQL Server 2000 中只能够通过 T-SQL 脚本编写存储过程。

 小知识：什么是存储过程

存储过程是程序员预先在数据库管理软件内编写的一段类 SQL 代码，该代码旨在提前将部分复杂的商业逻辑进行封装，从而达到提高程序执行效率的目的。

存储过程首次执行时读出查询计划并完全编译成为过程计划。今后的数据操作中将按照这样的计划执行，从而节约了每次执行存储过程的语法检查、分解和编译查询树的执行时间。

存储过程开发的优势是：一旦执行了存储过程，过程计划将存储到 cache 中，这样在下次运行该存储过程的时候，将直接从 cache 中读取并运行，大大提高了查询速度。

存储过程的劣势是：一旦商业流程或软件数据流发生变化，必须同步进行修正，即使用存储过程技术进行软件系统的研发，软件的健壮性和灵活性不好。因此，使用存储过程技术对程序员的要求较高。

对比存储过程的优劣性，其优势更为明显。因为存储过程贴近数据库引擎，执行效能较佳，性能远远优于嵌入式的 SQL 操作（通过字符串向数据库服务器传递 SQL 脚本的方式）；另一方面，从信息安全的角度考虑，存储过程由于提前将业务逻辑封装在服务器端，对于网络的信息传递安全性而言较好，因为嵌入式的 SQL 操作很容易暴露软件设计者的业务逻辑思路，而且非常容易受到注入式的 SQL 脚本攻击。

在 VS2005 的统一框架下，以 Visual Basic 或 C#开发的存储过程的好处包括：

（1）编译成为 DLL（.NET Managed code Assembly）的 Stored Procedure 档案，执行在原生的.NET Framework 2.0 平台，预估效能会比 T-SQL 好，尤其是大量循环和字符串处理的应用。

（2）由于 T-SQL 是特定用途的程序语言，无法表达复杂的逻辑，所以即使简单的字符串处理或数字计算，可能就要写数十行的程序表达；改由通用性用途的 C#或 Visual Basic 可以大幅缩短程序的长度，也就增加了程序的可维护性。

1-2-2　SQL Server 2005 的优势

相对于 SQL Server 2000 而言，SQL Server 2005 在功能和性能上面发生了很大的变化，主要体现在以下几点：

1. 分割技术

SQL Server 2000 对于大型表（存储数据在万行以上的数据表）的查询效率比较差，同时会消耗大量的服务器 CPU 及 RAM 资源。SQL Server 2005 通过重新编译的分割函数建立了对大型数据表的分割配置机制，将不同数据区分配到不同的内存区域，再经由硬件的辅助加速存取技术，大大提高了大型表的查询效率。另一方面，传统的聚簇性索引和唯一性索引是提高查询效率的有效手段，但是如果面对的是大型表，且该大型表经常发生插入、删除或者修改操作，则索引技术的重新建立反而成为数据库服务器的负担，会大大降低大型表的查询效率。SQL Server 2005 的分割技术可以避免在大型表中进行整个索引的重新建立，从而有效地减轻管理的负担。

严格地说，只有到了 2005 版本 SQL Server 才拥有了真正的表和索引数据分区技术。这个技术将使 SQL Server 数据库从"青壮年"成长为成熟的企业级数据库产品，是一个里程碑性质的标志。数据分区技术极大加强了表的可伸缩性和可管理性，使得 SQL Server 处理海量数据的能力有了质的飞跃。

2. 新的数据类型

随着服务器硬件资源的不断提升及网络传输速度光纤时代的到来，SQL Server 2000 对数据存储的限制越来越无法满足数据存储的客观要求，如对文本信息的最大限制为 8KB，目前很多客户在使用过程中就遇到了麻烦，特别是新闻出版传媒等单位。

SQL Server 2005 增强了大数值类型及完全的 XML 的支持，如 varchar(max)、nvarchar(max)、varbinary(max)类型，已经完全突破以往 8KB 的上限，现在可以高达 2GB。至于 XML 变量的导入，更可以让原来的数据库引擎额外支持 W3C 的 XQuery 的语言，让 XML 语言的查询与异动支持整个 XML 数据类型。

3. 全新 T-SQL

SQL Server 2000 的 SQL 标准主要支持的是 SQL-86 和 SQL-92 标准，在 T-SQL 中无法实现如

异常的数据处理能力，往往通过事务的回滚完成，客户端无法及时得到通知。现在可以使用与 C++ 或 C#类似的 try-catch 结构对 T-SQL 进行错误处理，从而大大简化了 T-SQL 错误处理能力。

SQL Server 2005 将提供全新的 SQL-1999 标准，例如 Try…Catch、PIVOT、Common Table Expression、EXCEPT 与 INTERSECT 等语法，可以简单化复杂的数据处理。

4. 安全性的加强

SQL Server 2000 的安全架构是建立在操作系统级、数据库管理系统级和用户级的三级安全管理机制。但是经过十年的发展，这种三级安全管理机制充满大量的安全隐患，如自带的 sa 用户对于很多 DBA 而言根本不进行任何的安全密码限制，从而导致数据库服务器的安全漏洞。SQL Server 2005 的安全性架构整合了主体、安全性实体与权限的设定，让数据获得更完善的保护。同时，SQL Server 2005 的数据库引擎提供非对称式、对称式与凭证的加密解密方式，将使得数据的保护更加完善。

5. .NET Framework 整合

微软公司的.NET Framework 整体架构，使得无论是开发 Winform 窗体程序，还是开发 Web 应用程序，都可以在 CLR（公共语言运行时，Common Language Runtime）下启动 SQL Server 2005 的数据库引擎。同时也可以通过 Visual Basic.NET、C#.NET 等语言开发存储过程、自定义函数、定义用户数据类型、开发触发器程序，并将开发的这些内容直接运行在数据库引擎里面。

还可以通过 CLR 的集成，轻松地利用.NET 语言的优势，如其面向对象的封装、继承和多态特性，编写出那些需要对数据进行复杂数值计算或逻辑的代码，如字符串处理、数据加密算法、XML 数据操作等。现在需要的仅仅是考虑什么时候使用 T-SQL 语言，什么时候使用 CLR。

6. 全文搜索功能增强

相对 SQL Server 2000，SQL Server 2005 中性能提升最多的部分是全文检索。SQL Server 2000 中的全文本检索和 SQL Server 7.0 中的差别不大，主要缺点是建立全文索引的性能不好，需要的时间太长，特别是在处理大型表的情况下。比如，一个几千万行数据的表也许需要数个小时到数天时间才能完成全文索引的建立。

SQL Server 2005 全文检索在性能、集成和可扩展性上进行了重大的改进和升级，据开发小组人员的简单测试，原来在 SQL Server 2000 中建立全文索引需要 14 天的表，现在只需要几个小时，几乎有上百倍的性能提升，其相关的全文检索语句也有 30%～50%甚至更高的性能提高。

除了性能，SQL Server 2005 中的全文索引的集成性也大大加强。在 SQL Server 2000 中很难对全文检索进行备份，一旦有数据库恢复或移动，必须要重建索引。但是对于几百个 GB 的数据库，重建索引的时间及资源消耗是非常巨大的。如今可以和数据库一起备份和恢复全文索引，而不再需要在恢复数据库后重建全文索引了。

7. 整合式的管理界面

SQL Server 2000 的资源管理器和 T-SQL 查询分析器是彼此分开的管理工具，在 SQL Server 2005 环境下统一在 SQL Server Management Studio 中，该环境可以处理所有 SQL Server 2005 需要的操作，无论是可视化的服务器管理还是编写脚本代码。管理界面如图 1-8 所示，右边有属性窗口，中间的区块可以了解对象资源管理器详细信息及具体的活动状况，还可以进行 T-SQL 脚本代码的执行与观察代码操作的执行结果。左边的部分包括对象资源管理器，该部分将以树形目录的形式列出各个实例的基本内容。

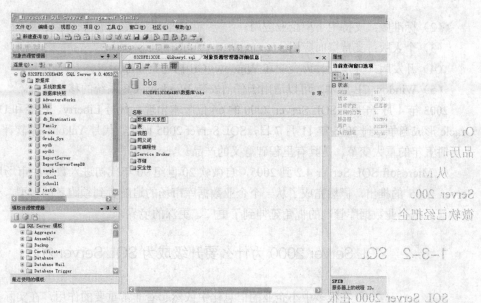

图 1-8　SQL Server 2005 整合式的管理界面

1-3　SQL Server 2005 的演化与升级原因

学习目标

● 了解 SQL Server 2005 的发展"简史"。

● 明白 SQL Server 2000 升级成为 SQL Server 2005 的原因。

1-3-1　SQL Server 2005 的发展"简史"

在开始 SQL Server 2005 具体内容之前，先看一下微软 SQL Server 的发展"简史"。1988 年，SQL Server 由微软与 Sybase 共同开发，运行于 OS/2 平台。1993 年 9 月 14 日，SQL Server 4.2 诞生，这是一个桌面数据库系统，包含较少的功能，但其历史意义在于与 Windows 集成并提供了易于使用的用户界面。1994 年，微软与 Sybase 在数据库开发方面的合作中止；1995 年，SQL Server 6.0 诞生，代号 SQL95，微软重写了大部分核心的系统，并提供了一个低价的小型商业应用数据库方案。1996 年 4 月 16 日，SQL Server 6.5 的出现带来了显著的性能提升并且提供了多种有益的功能。1998 年 11 月 16 日，SQL Server 7.0 诞生，代号 Sphinx。该版本完全重写了核心数据库引擎，并提供中小型商业应用数据库方案，包含初始的 Web 支持。SQL Server 从这一版本起得到了广泛应用。

2000 年 8 月 7 日，SQL Server 2000 诞生，代号 Shiloh。此款产品被微软定义为企业级数据库系统，其包含三个组件：DB、OLAP、English Query。丰富的前端工具，完善的开发工具，以及对 XML 的支持等，促进了该版本的推广和应用，并包含如下几个版本：

（1）企业版：通过部署群集服务支持 TB 级的巨型数据库和上千并发用户在线。

（2）标准版：支持中小型企业应用。

（3）个人版：支持桌面应用。

（4）开发版：开发人员为企业和 Windows CE 构建企业应用。

（5）Window CE 版本：可以适用于任何安装 Windows CE 系统的移动设备。

2003 年 4 月 24 日，SQL Server 2000 的 64 位版本出现，代号 Liberty，已经和 UNIX/Linux 的 Oracle 形成竞争。到 2005 年 11 月 7 日，SQL Server 2005 诞生，代号 Yukon。微软评论称，此况产品历时五年的重大变革，是具有里程碑意义的产品。

从 Microsoft SQL Server 4.2 到 2005，自微软 20 世纪 90 年代初进入数据库市场后，直到 SQL Server 2005 的推出，俨然完成了从一个企业数据库市场的追随者到领跑者的转型，十年磨一剑，微软已经把企业数据库管理的视角延伸到了更广、更深的境界。

1-3-2　SQL Server 2000 为什么要升级成为 SQL Server 2005

SQL Server 2000 在很多中小企业的信息化中依然起着非常重要的作用，在实际开发设计中，SQL Server 2000 与 2005 的很多功能也非常类似，那么为什么要升级成为 SQL Server 2005 呢？简单地说，SQL Server 2005 价值提升优势主要体现在：数据分区、可编程性、安全、快照隔离、数据库镜像、商务智能 BI、增强全文搜索、增强可用性功能、增强复制、增强异步处理能力方面；而与 SQL Server 2000 相比，SQL Server 2005 主要优势的测试比较如图 1-9 所示。

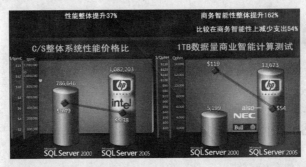

图 1-9　SQL Server 2000 与 SQL Server 2005 的效能比较

作为数据库管理系统软件霸主的 Oracle 而言，SQL Server 2005 与之比较并不逊于该业界的龙头软件，其测试比较如图 1-10 所示。

图 1-10　SQL Server 2005 与 Oracle 的效能比较

第 **2** 章 SQL Server 2005 概述

本章内容

- SQL Server 的定义和基本结构
- SQL Server 运行环境
- SQL Server 2005 工具及安装环境
- SQL Server 2005 安装过程
- 注册、配置和管理 SQL Server 2005 服务器
- SQL Server 系统数据库简介

2-1　SQL Server 的定义和基本结构

学习目标

- 了解 SQL Server 的定义。
- 了解 SQL Server 的基本结构。

2-1-1　SQL Server 的定义

SQL Server 是一个典型的关系型数据库管理系统，关系型数据库管理系统的核心在于关系表彼此之间的逻辑关联，而这种关联的实质就在于主、外键彼此的逻辑联系纽带。在关系模型中，数据的逻辑结构就是二维表，关系模型概念单一、清晰，无论是实体，还是实体间的联系，都用关系来表示，用户易懂易用。关系模型有严格的数学基础及在此基础上发展起来的关系数据理论，此处不过多介绍。

SQL Server 的另一个特征就是较好地适应了网络环境下的数据库管理、开发、访问的需求，一般情况下通过客户端访问数据库服务器，而后数据库服务器将反馈数据回传客户端，基于该种模式下的软件系统开发也可以称为是客户/服务器（C/S，Client/Server）模式开发，如图 2-1 所示。

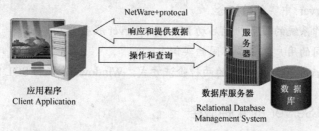

图 2-1　客户/服务器（Client/Server）服务模型

2-1-2　SQL Server 的基本结构

1. 内模式与数据库物理结构

数据库管理系统软件的设计一般分为模式、内模式和外模式，其中内模式也称为物理存储模式，一个数据库管理系统一旦建立，则内模式是唯一的。对应于内模式，SQL Server 称为数据库物理结构，数据库的物理结构就是指数据在物理磁盘上的存储结构，数据库在磁盘中是用文件的方式来存储这一结构的。

数据库的文件可以分为 3 种：主数据文件（*.mdf 文件）、辅助数据文件（*.ndf 文件）和日志文件（*.ldf 文件）。一旦数据库文件被建立，也就意味着内模式的建立完成。

2. 模式与数据库逻辑结构

模式也称为为全局逻辑结构，关系到数据库中具体的表的属性及域的范围限定，表的主键确定，表间主、外键逻辑关系的建立等。对于一个数据库管理系统而言，模式是唯一的，一旦确定了模式就意味着整个软件应用系统的逻辑框架被最终确认下来，因此这个阶段的逻辑设计工作尤为重要，一般称为概念模型的设计阶段。

在 SQL Server 中，模式对应着数据库的逻辑结构。所谓的逻辑结构就是从用户的观点，所能看到的数据库组件结构就是逻辑的数据库结构，包括数据表、视图、索引、存储过程和触发器等内容。

3. 外模式与数据库应用开发

内模式的确立，奠定了数据库文件的存储结构；模式的确立，构建出数据库系统的逻辑结构框架；而外模式就是在内模式和模式建立后，对其中存储的具体值的用户级数据进行操纵，这样就构成了外模式的用户视图的地位。

在 SQL Server 中，外模式对应着数据库的应用开发过程，即根据具体的数据信息请求，反馈相应的数据给应用程序用户，这也是 SQL Server 应用开发设计的要点和难点。

2-2　SQL Server 运行环境

 学习目标

- 掌握 SQL Server 的 4 种服务。
- 掌握 SQL Server 中实例的概念。
- 学习通过操作系统的服务功能启动 MS SQL Server 服务。
- 学习通过不同的用户名登录不同的实例。
- 掌握 SQL Server 2005 环境下的两种验证方式：Windows 验证和 SQL Server 验证。

2-2-1　SQL Server 的 4 种服务

SQL Server 作为数据库服务器端运行软件，其 4 种主要的服务包括：

1. SQL Server 服务

该服务内容主要包括分配计算机资源（含常规、内存、处理器资源配置），防止逻辑错误，保证数据的一致性和完整性及配置安全性与网络连接等工作。可以说，SQL Server 服务是 SQL Server 运行的主服务，是其他服务开展工作的基础平台。如图 2-2 所示为 SQL Server 服务管理的主要内容。

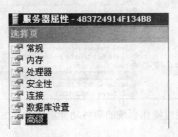

图 2-2　MS SQL Server 服务管理的主要内容

小知识：

● 数据库的完整性

数据完整性（Data Integrity）是指数据的精确性（Accuracy）和可靠性（Reliability）。它是为防止数据库中存在不符合语义规定的数据和防止因错误信息的输入输出造成无效操作或错误信息而提出的。数据完整性分为 4 类：实体完整性（Entity Integrity）、域完整性（Domain Integrity）、参照完整性（Referential Integrity）和用户定义的完整性（User-defined Integrity）。

实体完整性是指主键的非空性原则；域完整性是指数据库表中的列必须满足某种特定的数据类型或约束；参照完整性是指外键必须受制于主键的约束，或者为空，否则必须来自主键的集合；用户定义的完整性即是针对某个特定关系数据库的约束条件，它反映某一具体应用所涉及的数据必须满足的语义要求。

● 数据库的一致性

指事务执行的结果必须是使数据库从一个一致性状态变到另一个一致性状态。保证数据库一致性指当事务完成时，必须使所有数据都具有一致的状态。在关系型数据库中，所有的规则必须应用到事务的修改上，以便维护所有数据的完整性。

开启 SQL Server 服务的方式有多种，基本的启动方法如下：

（1）一般在安装完 SQL Server 后，该服务会随着系统自动启动，并常驻内存。

（2）如果直接启动 SQL Server Management Studio 并成功登录服务器，也可以开启 SQL Server 服务。

（3）启动 SQL Server Configuration Manager，也可以启动该服务（上述内容下面章节会详细介绍）。

（4）通过操作系统的服务功能也可以启动 SQL Server 服务。

实验 1：通过操作系统的服务功能启动 MS SQL Server 服务

（1）打开 Windows 操作系统的控制面板，双击管理工具，将管理工具中的服务打开。

（2）查看服务中的 SQL Server 服务，可以通过具体按钮开启或关闭相关的 SQL Server 服务，如图 2-3 所示。

图 2-3　通过操作系统的服务功能启动 SQL Server 服务

2．SQL Server Agent 服务

该类的服务主要用于进行自动化服务，即数据库服务器的无人值守服务。这些服务包括数据库警报提示、作业调度、消息服务[E-mail]、磁盘备份与转储等内容。对于网络管理员或数据库管理员而言，该技能是数据库服务器配置的非常重要的一环。如图 2-4 所示为关闭状态的 MS SQL Server Agent 服务，包括具体的服务内容。

3．SQL Server 分布式事务协调程序

分布式事务是涉及来自两个或多个源的资源的事务。Microsoft SQL Server 2005 支持分布式事务，使用户得以创建事务来更新多个 SQL Server 数据库和其他数据源。在后面的数据库管理篇章中将重点介绍该项服务的内容。

4．MS SQL Server 搜索服务

全文搜索服务是一种特殊类型的基于标记的功能性索引服务，是由 Microsoft SQL Server 全文引擎服务创建和维护的。使用全文索引可以快速、灵活地为存储在 SQL Server 数据库中的文本数据创建基于关键字查询的索引，与 like 语句不同，like 语句搜索的是适用于字符模式的查询，而全文搜索服务是根据特定语言的规则对词和短语的搜索，是针对语言的搜索。

在对大量的文本数据进行查询时，全文索引可以大大提高查询的性能，如对于几百万条记录的文本数据进行 like 查询可能要花几分钟才能返回结果，而使用全文索引则只要几秒钟甚至更少的时间就可以返回结果了。关于分布式事务协调程序和搜索服务的管理界面如图 2-5 所示。

图 2-4　关闭状态的 SQL Server Agent 服务图　　图 2-5　分布式事务协调程序和全文搜索服务

2-2-2　SQL Server 是通过实例运行的

实例是运行在 SQL Server 上面的数据库服务器管理单元，如图 2-6 所示，当前计算机中运行着两个实例，分别是本地机（local）登录后的实例以及通过\SQLEXPRESS 身份登录的实例。一个 SQL Server 服务器软件可以管理多个实例，而一个具体的实例可以被多个服务器访问。默认访问某个 SQL Server 服务器就是访问默认的实例，如果具体指定则基本格式为"网络计算机名\实例名"。

图 2-6　本地机登录后的实例以及通过\SQLEXPRESS 身份登录的实例

小知识：

● 默认实例

此实例由运行它的计算机的网络名称来标识，如某数据库服务器的网络名为 teacher，则默认实例名称就是 teacher。

● 命名实例

命名实例由计算机网络名称加实例名来标识的，如图 2-6 所示，832DFE13C0EA4B5\SQLEXPRESS 就是典型的命名实例。

小问题：SQL 实例跟 SQL\EXPRESS 是一个版本吗？有什么不同？

● SQL\EXPRESS 实例

SQL\EXPRESS 实例是现在 SQL Server 2005 产品的免费版，一般安装 IDE 时系统会提示是否安装该实例。大多数时候，用户会选择安装该免费实例，因此该实例启动后大多是作为开发时调试用的。作为 SQL\EXPRESS 实例，在运行和访问时服务器对它有很多限制，如最大 CPU 核心使用数量和最大内存使用数量、并发访问的用户数量等。因此 SQL\EXPRESS 实例是 MS SQL Server 2005 Express（免费）版本的实例，一般建议不要将用户应用数据库在该环境下面进行设计和运行。

● SQL 实例

SQL 实例是由系统定义的实例，如操作系统管理员建立的实例，本机用户建立的实例，或者 DBA 建立的实例都属于这个范畴，建议将用户应用数据库在该环境下面进行设计和运行。

实验 2：通过不同的用户名登录不同的实例

（1）启动 SQL Server 2005 的 Management Studio，进入管理平台界面。首先启动的是连接服务器的界面，选择"服务器类型"为"数据库引擎"，"身份验证"方式为"Windows 身份验证"，下面开始填写服务器名称，如图 2-7 所示。

图 2-7   本地机登录连接服务器的界面

 小知识：

- SQL Server 2005 的两种登录模式分别是：Windows 验证——通过 Windows 账户或者组控制用户访问 SQL Server；SQL Server 验证——通过系统管理员（DBA）定义的注册账户和密码登录 SQL Server。
- Windows 验证模式比 SQL Server 验证模式更为安全，Windows 验证模式的优点是：首先是具备更先进的安全策略，其次是组用户中只需建一个组用户就可以完成该组成员的授权工作，最后是 Windows 验证模式具备更快捷的访问方式。
- 混合认证模式的优点是：非 Windows 用户及 Internet 客户也可以连接到数据库，因此通常情况下是在编程开发时大多使用该类型的身份认证模式。

（2）服务器名称的填写共有 5 种方式，分别是：
- 仅仅填入"."符号，表示本机使用用户登录。
- 填入"本机的服务器名称"，表示本机使用用户登录。
- 填入"(local)"，表示本机使用用户登录。
- 填入"本机的服务器名称\SQLEXPRESS"，表示本机使用免费实例登录。
- 填入"本机的服务器名称\ADMINISTRATOR"，表示本机使用用户登录。

实验 3：SQL Server 2005 的两种登录模式

SQL Server 2005 环境下的两种登录验证模式分别是 Windows 验证和 SQL Server 验证，如图 2-8 所示。对于第一种方式，即 Windows 验证模式在上面的实验中已经陈述，下面主要讨论如何实现 SQL Server 验证模式。

（1）配置 sa 用户的登录属性，设置用户名称和密码，注意需要将状态登录改为启用，如图 2-9 所示。

图 2-8　Windows 验证和 SQL Server 验证的不同登录界面

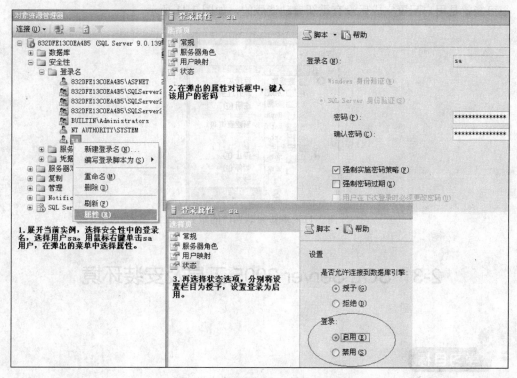

图 2-9　配置并启用 sa 用户的过程

小知识：

● sa 用户是什么

sa 用户就是 Super Administrator，即 SQL Server 的系统超级用户，可以执行该 DBMS 的所有权限，该用户自 2000 版本以来就一直存在，其默认密码为空，因此造成很多 SQL Server 数据库管理系统的安全漏洞。因此到 2005 版本后，默认将该用户设置为不可用。但为了客户端程序访问数据库的便利及 Internet 客户可以连接到数据库的实际需要，我们还是经常会启动该用户，但建议增加该用户的密码设置，从而起到增加网络数据信息访问的安全。

（2）配置数据库服务器，以混合模式进行登录，如图 2-10 所示。

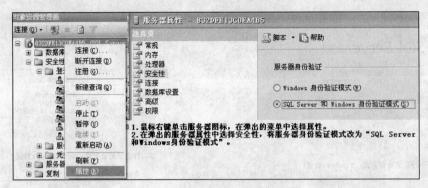

图 2-10　设置为混合模式进行登录

（3）重启 SQL Server 服务就可以了。其实，很多时候建立了 SQL Server 后用户无法登录的原因，很可能就是用户配置完成后没有重新启动造成的，如图 2-11 所示。

图 2-11　重新启动当前的服务

2-3　SQL Server 2005 工具及安装环境

- 介绍 SQL Server 2005 工具集说明。
- 介绍 SQL Server 2005 的各个版本。
- 了解 SQL Server 2005 运行的软硬件环境要求。
- 介绍 SQL Server 2005 的主要组件。
- 了解 SQL Server 2005 的主要服务内容。

2-3-1　SQL Server 2005 工具集说明

Microsoft SQL Server 2005 包含一组完整的图形工具和命令提示实用工具，允许用户、程序员和管理员执行的功能包括：管理和配置 SQL Server；确定 SQL Server 副本中的目录信息；设计和测试用于检索数据的查询；复制、导入、导出和转换数据；提供诊断信息；启动和停止 SQL Server 等。其基本的工具集包括配置工具和性能工具两大类，其启动界面如图 2-12 所示。

图 2-12　SQL Server 2005 工具集

SQL Server 2005 的工具集主要包括：SQL Server Management Studio（主管理平台）、Business Intelligence Development Studio（商务智能管理平台）、SQL Server 外围应用配置器、SQL Server 配置管理器、SQL Server Profiler、数据库引擎优化顾问，以及命令提示实用工具等。每个工具的基本情况如表 2-1 所示。

表 2-1　SQL Server 2005 工具集基本情况说明

工具	说明
SQL Server Management Studio	用于管理关系数据库和商业智能数据库并用于编写 Transact-SQL、MDX 和 XML 代码的工具
Business Intelligence Development Studio	用于开发商业智能多维数据集、数据源、报表和 SQL Server 2005 Integration Services（SSIS）包的工具
SQL Server 外围应用配置器	用于配置基本自动启动选项和连接选项的工具
SQL Server 配置管理器	用于配置自动启动选项和复杂的高级选项的工具
SQL Server Profiler	用于捕获和监视活动的工具
数据库引擎优化顾问	用于提高数据库性能的工具
命令提示实用工具	与 SQL Server 一起使用的命令提示工具

2-3-2　SQL Server 2005 版本、运行的软硬件环境

1. SQL Server 2005 的版本

SQL Server 2005 的版本主要包括 6 个：企业版（Enterprise）、标准版（Standard）、Workgroup（工作群组版）、Express（免费版）、Mobile（移动设备版）、Everywhere（移动设备版）、Developer（开发版）。有关每个版本的基本情况说明如表 2-2 所示。

表 2-2　SQL Server 2005 的各个版本说明

版本	描述
Enterprise	企业版是服务器类型操作系统安装软件，包含所有功能的版本，主要是高可用性和延展性的版本，很适合大型组织和最复杂的需求，支持 32 位与 64 位的版本，主要是运用在企业级的重要性高的应用系统
Standard	标准版的 SQL Server 2005 依然支持 32 位与 64 位的操作系统，它主要是运用在一般中小型企业的数据管理与分析的平台，包含许多重点性的特色，这些特色都包含在企业版及标准版中

续表

版本	描述
Workgroup	一般公司的部门或是小型分据点所使用的数据管理平台可以选择 Workgroup 版本，它适合入门层级数据库，功能符合多包括 XML、新增的 T-SQL 语法、全文检索、整合 SQL Server Management Studio 管理界面
Express	断开的客户端或者独立的应用程序的 SQL Server 版本，这是可以免费使用的版本，比较适合在一般的测试使用、SOHO 开发、微型企业网站、交易量少的应用程序使用的数据库。以往在 SQL Server 2000 版本中称为 MSDE
Mobile	该版本主要是运用在行动装置上，藉由它可以与 SQL Server 2005 与 SQL Server 2000 的数据库进行复习同步。因此在装有 SQL Mobile 版本的装置上，可以建立数据库、数据表与索引等功能，并且在 SQL Server Management Studio 中可以经由模板总管中的 SQL Mobile 模板，撰写出专属于 SQL Mobile 的 T-SQL 语句
Developer	该版本主要用于一般程序开发与小组测试，不可以使用在一般的正式上线环境，该版本具有企业版的功能，也可以直接升级到企业版进行正式上线使用

2. SQL Server 2005 的硬件运行环境

SQL Server 2005 的运行对硬件环境有一定的要求，如表 2-3 所示。

表 2-3　SQL Server 2005 的硬件运行环境

硬件	要求
处理器	Intel Pentium III 相容或更高性能的处理器，运行速度在 600MHz 或更高水平 1GHz 或更高性能的处理器
内存	Enterprise、Developer、Workgroup 以及 Standard Editions： ● 512MB（1GB 或者更高） Express Edition： ● 192MB（512MB 或者更高）
硬盘	数据库组件：至少 150MB Analysis Services：至少 35MB Reporting Services：至少 40MB
显示器	VGA 或更高，分辨率在 1024×768 以上
光驱	CD 或 DVD 光驱
网卡	10/100Mbps 网卡

3. SQL Server 2005 的软件运行环境

SQL Server 2005 不同的版本需要运行在不同的操作系统环境下，如表 2-4 所示为 SQL Server 2005 运行的操作系统要求。

表 2-4　SQL Server 2005 的操作系统运行环境

操作系统	企业版	标准版	开发版	工作组版	学习版	移动版
Windows 2000 Professional Edition SP4	否	是	是	是	是	是
Windows 2000 Server SP4	是	是	是	是	是	是
Windows 2000 Advanced Server SP4	是	是	是	是	是	是
Windows 2000 Datacenter Server SP4	是	是	是	是	是	是

续表

操作系统	企业版	标准版	开发版	工作组版	学习版	移动版
嵌入式 Windows XP	否	否	否	否	否	否
Windows XP Home Edition SP2	否	是	否	否	是	否
Windows XP Professional Edition SP2	否	是	是	是	是	是
Windows XP Media Edition SP2	否	是	是	是	是	是
Windows XP Tablet Edition SP2	否	是	是	是	是	是
Windows Server 2003 SP1	是	是	是	是	是	是
Windows 2003 Enterprise Edition SP1	是	是	是	是	是	是
Windows 2003 Datacenter Edition SP1	是	是	是	是	是	是
Windows 2003 Web Edition SP1	否	否	否	否	是	否

同时，对于操作系统的配置环境也有一定的要求，基本需要按照表 2-5 进行配置。

表 2-5　SQL Server 2005 的配置环境要求

网络组件	要求
Internet Explorer	Microsoft Internet Explorer 6.0 SP1 或更高版本，如果只是安装客户端软件而不需要连接到要求加密的服务器，则 Internet Explorer 4.0 SP2 也满足要求
IIS	IIS 5.0 或更高版本
ASP.NET	需要 ASP.NET 2.0

2-3-3　SQL Server 2005 的主要组件

SQL Server 2005 运行的环境下集成了大量的组件，这些组件构成 SQL Server 2005 的主要工具集成，其中包括如表 2-6 所示的 6 种主要组件。

表 2-6　SQL Server 2005 的主要组件

组件	描述
SQL Server Database Services	数据库引擎、复制以及全文本搜索
Analysis Services	为在线分析和数据挖掘准备的服务和工具
Reporting Services	用于生成和分发报告
Notification Services	用于开发和部署通知服务应用程序的平台
Integration Services	用于传输数据的工具和组件
工作站组件、联机丛书和开发工具	工具和文档

下面依次介绍这些基本的组件。

1. 分析服务（Analysis Services），商业智慧的利器

SQL Server 的分析服务是在 SQL Server Business Intelligence Development Studio 开发工具下进行设计的，该工具提供了最新的导航设置与设计界面，启动界面如图 2-13 所示。

数据挖掘是分析服务的核心，现在的数据挖掘除了决策树算法和群集演算法之外，更加入了 7 种新的数据挖掘算法，分别为决策树算法、群集算法、时间序列算法、时序群集、关联规则、贝氏

决策算法、类神经网络算法、罗吉斯回归算法、线性回归算法。

图 2-13　启动 SQL Server 2005 Analysis Services

2. SQL Server Integration Services，新一代 ETL 工具

在整个数据管理的过程中，SQL Server Integration Services 是指数据转换处理，也是花最多时间与最烦琐的一件事，SQL Server 2000 称之为数据转换服务（Data Transformation Services，DTS），SQL Server 2005 称之为 SQL Server Integration Services，简称为 SSIS。

3. 报表服务（Reporting Services），前端商业智慧分析工具

报表服务在 SQL Server 2000 时就已经发行，新一代的 SQL Server 2005 的报表服务整合了 SQL Server Business Intelligence Development Studio 开发工具，一并进行报表项目的设计、执行与部署等作业。报表服务的功能归属在商业智能领域，报表服务可以整合 Office 软件，如 Excel、Outlook、浏览器与客制化应用程序，进行报表的浏览与输出，可撰写出应用程序导向的报表项目，再配合 SQL Server 2005 的数据库设定，增强报表处理的自动化与执行效能。图 2-14 为启动报表服务工具界面，图 2-15 为配置报表服务界面。

图 2-14　启动 SQL Server 2005 Reporting Services

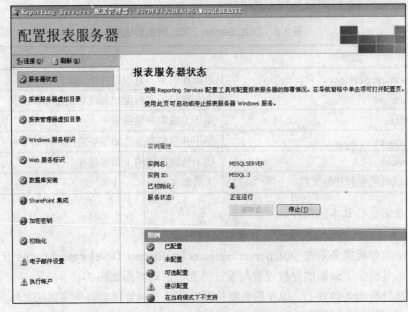

图 2-15　SQL Server 2005 Reporting Services 配置管理器界面

2-4　SQL Server 2005 的安装过程

● 了解 SQL Server 2005 安装前的准备工作。
● 掌握 SQL Server 2005 的安装步骤。
● 了解 SQL Server 2005 安装中的若干问题分析。

由于 Microsoft SQL Server 2005 的安装光盘数据量大（DVD 光盘安装），安装牵涉的操作系统以及安装版本的多样性，以及安装过程中所遇到的各种复杂问题，都决定了 SQL Server 2005 安装过程较为复杂，同时也有着一定的安装规律可循。

2-4-1　SQL Server 2005 安装前的准备工作

设置服务器环境时，通常遵循的做法为：增强物理安全性，使用防火墙，隔离服务，创建具有最低特权的服务账户和禁用 NetBIOS 和服务器消息块。

1. 增强物理安全性

物理和逻辑隔离是构成 SQL Server 安全的基础。若要增强 SQL Server 安装的物理安全性，请执行以下任务：

（1）将服务器置于专门的房间，未经授权的人员不得入内。

（2）将数据库的宿主计算机置于受物理保护的场所，最好是上锁的机房，房中配备水灾检测和火灾检测监视系统或灭火系统。

（3）将数据库安装在公司 Intranet 的安全区域中，任何时候都不要直接连接到 Internet。定期备份所有数据，并将副本存储在远离工作现场的安全位置。

2. 使用防火墙

防火墙是保护 SQL Server 安装所不可或缺的。若要使防火墙发挥最佳效用，请遵循以下指南：

（1）在服务器和 Internet 之间放置防火墙。

（2）将网络分成若干安全区域，区域之间用防火墙分隔。先阻塞所有通信流量，然后有选择地只接受所需的通信。

（3）在多层环境中，使用多个防火墙创建屏蔽子网。如果在 Windows 域内部安装服务器，请将内部防火墙配置为"允许 Windows 身份验证"。

（4）在所有版本的 Windows 都是 Windows XP、Windows Server 2003 或更高版本的 Windows 域中，禁用 NTLM 身份验证。如果应用程序使用分布式事务处理，可能必须要将防火墙配置为允许 Microsoft 分布式事务处理协调器（MS DTC）在不同的 MS DTC 实例之间以及在 MS DTC 和资源管理器（如 SQL Server）之间进行通信。

3. 隔离服务

隔离服务可以降低风险，防止已受到危害的服务被用于危及其他服务。若要隔离服务，请遵循以下指南：

（1）请尽可能不要在域控制器中安装 SQL Server。

（2）在不同的 Windows 账户下运行各自的 SQL Server 服务。

（3）在多层环境中，不同的计算机上运行 Web 逻辑和业务逻辑。

4．创建具有最低特权的服务账户

SQL Server 安装程序可以自动配置服务账户或具有 SQL Server 所需特定权限的账户。修改或配置 SQL Server 2005 使用的 Windows 服务时，应仅授予它们需要的权限。

2-4-2　SQL Server 2005 的安装步骤

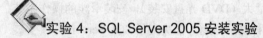

实验 4：SQL Server 2005 安装实验

（1）SQL Server 2005 的安装光盘为 DVD 光盘，共有 2 张，先打开第 1 张，单击"服务器组件、工具、联机丛书和示例(C)"，如图 2-16 所示。

（2）在"最终用户许可协议"对话框中阅读许可协议，再选中相应的复选框以接受许可条款和条件。接受许可协议后即可激活"下一步"按钮。若要继续，单击"下一步"按钮；若要结束安装程序，单击"取消"按钮。接受授权协议开始安装，如图 2-17 所示。

图 2-16　SQL Server 2005 安装启动界面

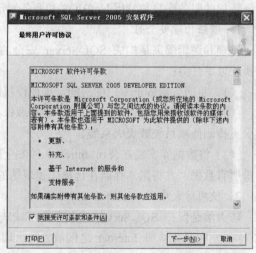

图 2-17　SQL Server 2005 安装协议

（3）开始检查安装组件，如图 2-18 所示。

（4）开始安装向导，在"欢迎使用 Microsoft SQL Server 安装向导"对话框中单击"下一步"按钮以继续安装，如图 2-19 所示。

（5）检查系统配置，正常是没有警告信息。在"系统配置检查(SCC)"对话框中将扫描安装计算机，以检查是否存在可能妨碍安装程序的条件。若要中断扫描，单击"停止"按钮；若要显示按结果进行分组的检查项列表，单击"筛选"按钮，然后从下拉列表中选择类别；若要查看 SCC 结果的报表，单击"报告"按钮，然后从下拉列表中选择选项，选项包括查看报表、将报表保存到文件、将报表复制到剪贴板和以电子邮件形式发送报表。完成 SCC 扫描之后，若要继续执行安装程序，单击"下一步"按钮，如图 2-20 所示。

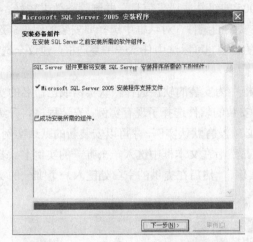

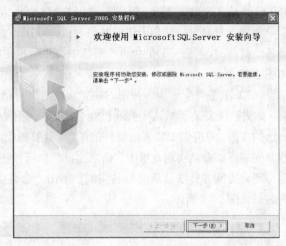

图 2-18　SQL Server 2005 安装环境监测　　　　　图 2-19　SQL Server 2005 安装向导启动对话框

（6）在"注册信息"对话框中的"姓名"和"公司"文本框中输入相应的信息。单击"下一步"按钮，如图 2-21 所示。

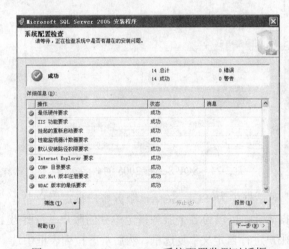

图 2-20　SQL Server 2005 系统配置监测对话框　　　图 2-21　SQL Server 2005 注册对话框

注意：安装到这一步时，可能会出现计算机上的 WMI 配置无法执行 SQL Server 系统配置检查器的错误，如图 2-22 所示。

图 2-22　SQL Server 2005 安装出错对话框

这种错误往往是由于操作系统的配置问题，或者当前操作系统环境下安装了多个 MS SQL 版本造成的。解决的办法是将已经安装的全部关于 MS SQL 2005 的内容全部删除，特别是需要将操

作系统的注册表中有关 MS SQL 2005 的信息全部删除，否则无法起到根除的目的。这里推荐使用
360 安全卫士的卸载功能，可以连通相关 MS SQL 2005 的组件注册表信息一并删除，效果较好。

　　如果没有异常，则会出现安装组件页面，在"要安装的组件"对话框中选择要安装的组件。选
择各个组件时，"要安装的组件"窗格中会显示相应的说明，可以选中任意一些复选框，建议全选，
如图 2-23 所示。

　　（7）单击"下一步"按钮，在"实例名"对话框中为安装的软件选择默认实例或已命名的实
例。如果已经安装了默认实例或已命名实例，并且为安装的软件选择了现有实例，安装程序将升级
所选的实例，并提供安装其他组件的选项。计算机上必须没有默认实例，才可以安装新的默认实例。
若要安装新的命名实例，单击"命名实例"单选按钮，然后在文本框中键入一个唯一的实例名。若
要与现有实例并行安装新的命名实例，单击"命名实例"，然后在提供的空白处键入一个唯一的实
例名，如图 2-24 所示。

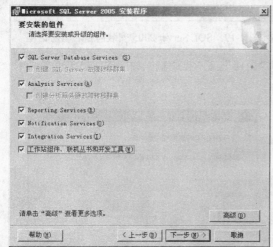

图 2-23　选择 SQL Server 2005 安装的组件

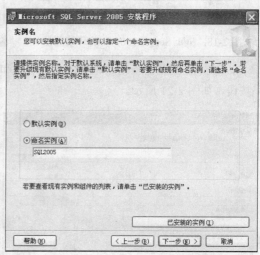

图 2-24　SQL Server 2005 的命名实例

　　（8）单击"下一步"按钮，在"服务账户"对话框中为 SQL Server 服务账户指定用户名、
密码和域名。可以对所有服务使用一个账户。根据需要，可以为各个服务指定单独的账户。若要为
各个服务指定单独的账户，请选中"为每个服务账户进行自定义"复选框，然后从下拉列表框中选
择服务名称，为该服务提供登录凭据。若要继续安装，单击"下一步"按钮，如图 2-25 所示。

　　注意：域名不能为完整的域名系统（DNS）名称。例如，如果 DNS 名称为 my-domain-name.com，
在"域"字段中使用 my-domain-name。在 SQL Server 中，"域"字段不接受 my-domain-name.com。

　　（9）单击"下一步"按钮，在"身份验证模式"对话框中选择要用于 SQL Server 安装的身
份验证模式。如果选择 Windows 身份验证，安装程序会创建一个 sa 账户，该账户在默认情况下
是被禁用的。选择"混合模式身份验证"时，输入并确认系统管理员（sa）登录名。密码是抵御入
侵者的第一道防线，因此设置强密码对于系统安全是绝对必要的。切勿设置空密码或弱 sa 密码。
若要继续安装，单击"下一步"按钮，如图 2-26 所示。

　　（10）在"排序规则设置"对话框中选定服务的排序规则。若要继续安装，单击"下一步"按
钮，如图 2-27 所示。

　　（11）如果选择 Reporting Services 作为要安装的功能，将显示"报表服务器安装选项"对话

框，选择是否使用默认值配置报表服务器。如果没有满足在默认配置中安装 Reporting Services 的要求，则必须选择"安装但不配置服务器"单选项。若要查看安装的详细信息，单击"详细信息"按钮。若要继续安装，单击"下一步"按钮，如图 2-28 所示。

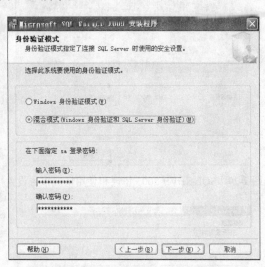

图 2-25　SQL Server 2005 服务账户配置　　　图 2-26　配置 SQL Server 2005 身份验证登录密码

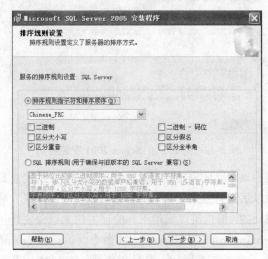

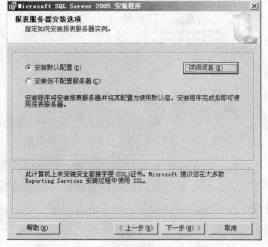

图 2-27　SQL Server 2005 排序规则设置　　　图 2-28　SQL Server 2005 报表服务配置

（12）在"错误和使用情况报告设置"对话框中可以清除复选框以禁用错误报告。若要继续安装，单击"下一步"按钮，如图 2-29 所示。

（13）在"准备安装"对话框中查看要安装的 SQL Server 功能和组件的摘要。若要继续安装，单击"安装"按钮，如图 2-30 所示。

（14）在"安装进度"对话框中可以在安装过程中监视安装进度。若要在安装期间查看某个组件的日志文件，单击"安装进度"页上的产品或状态名称，如图 2-31 所示。

（15）在"完成 Microsoft SQL Server 2005 安装"对话框中，可以通过单击此对话框中提供的链接查看安装摘要日志。若要退出 SQL Server 安装向导，单击"完成"按钮，如图 2-32 所示。

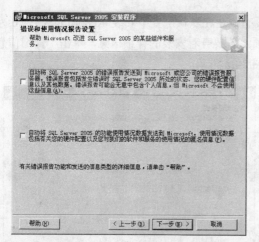

图 2-29   SQL Server 2005 错误和使用情况报告设置

图 2-30   SQL Server 2005 安装组件报告

图 2-31   SQL Server 2005 开始正式安装界面

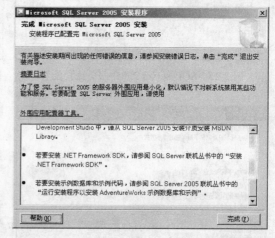

图 2-32   完成 SQL Server 2005 安装界面

（16）如果提示重新启动计算机，请立即重新启动。完成安装后，阅读来自安装程序的消息是很重要的。如果未能重新启动计算机，可能会导致以后运行安装程序失败。一般情况下，如果安装过程中没有出现错误提示，即可认为这次安装是成功的，但也可以采用下列验证方法来确保安装正确。安装结束后，执行"开始"→"所有程序"→Microsoft SQL Server 2005 命令，访问 Microsoft SQL Server 2005 程序组中的所有内容，如果这些工具都能正常运行，表示 SQL Server 2005 安装正确，如图 2-33 所示。

图 2-33   SQL Server 2005 启动工具项

（17）上面的安装顺利完成后，打开 SQL Server 2005 安装光盘的第 2 张，单击"仅工具、联机丛书和示例(T)"，如图 2-34 所示。

图 2-34 安装 SQL Server 2005 帮助联机丛书

（18）上面的安装顺利完成后，最终的安装界面及安装内容报告界面，如图 2-35 所示。

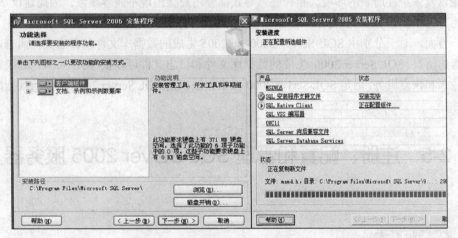

图 2-35 SQL Server 2005 联机丛书安装界面及安装内容报告界面

2-4-3 SQL Server 2005 安装中的若干问题分析

在安装 SQL Server 2005 的过程中，经常会出现的问题是软件的安装顺序问题，以及与 SQL Server 2000 的兼容性问题，下面就这两个问题进行介绍。

1. SQL Server 2005、Visual Studio 2005、Visual Studio 2008 的安装顺序

上述几个软件同属于安装在 Windows 操作系统下，在.NET Framework 开发平台下面应用软件。Visual Studio 2005 在安装的同时，也会安装 SQL Server 2005 Express，如果先安装 Visual Studio 2005，那么再安装 SQL Server 2005 时，安装程序会通知你检测到系统安装了 SQL Server 2005 Express，故而安装时会跳过很多重要的 GUI 工具的安装，甚至连最基本的 Management Studio 都不会安装，更谈不上其他的服务器组件了。

如果已经发生了上述的安装过程，那么建议：

（1）在控制面板中删除所有与 SQL Server 2005 有关的程序。

（2）如果有注册表整理工具，运行它。这一点并不是很重要，但在安装过程中遇到问题后一般都会这么做。

（3）重启计算机。

（4）安装正式版本的 SQL Server 2005。

为了避免和防止重复麻烦的操作，建议标准的安装步骤是：

（1）安装 Windows 操作系统的 IIS 服务。

（2）安装 SQL Server 2005。

（3）安装 Visual Studio 2008。

（4）安装 Visual Studio 2005。

2. SQL Server 2000 与 SQL Server 2005 的兼容性

建议 SQL Server 2000 最好不要直接升级成为 SQL Server 2005，因为可能会导致 SQL Server 2000 与 2005 的 6 项服务不兼容：SQL Server 的实例，多服务器管理，复制，连接服务器，备份和还原，日志传递。正常情况下这 6 项服务会在 2000 正常升级中平移至 2005 环境下，但由于用户的操作系统以及系统注册表的环境大相径庭，导致部分用户会出现不兼容现象。因此建议 2000 用户最好先将 SQL Server 2000 删除后，重新启动计算机，再安装 SQL Server 2005。

另一方面，对于分别由 SQL Server 2000 和 2005 生成的数据库文件和日志文件而言，不存在互相兼容的情况，SQL Server 2000 生成的数据库文件和日志文件可以被 SQL Server 2005 正常进行数据的导入和恢复服务，但是 SQL Server 2000 根本无法识别 SQL Server 2005 生成的数据库文件和日志文件。

2-5　注册、配置和管理 SQL Server 2005 服务器

学习目标

- Management Studio 概述。
- 外围应用配置器概述。
- 配置管理器（SQL Server Configuration Manager）。
- SQL Server 2005 命令行工具 SQLCMD。

注册服务器就是为 SQL Server 客户机/服务器系统确定一台数据库所在的计算机，并以该计算机为服务器，为客户端的各种请求提供服务。一般来说，只有对于远程的 SQL Server 2005 网络，才需要在客户机上注册服务器，然后进行管理。这里要用到 SQL Server 2005 的一个重要管理工具——SQL Server Management Studio。

2-5-1　Management Studio 概述

Management Studio 是 SQL Server 2005 的可视化集成管理环境，用于访问、配置和管理所有的 SQL Server 2005 组件，它基于 Microsoft Visual Studio，包含企业管理器、分析管理器、查询分析

器等功能,并可以在其中编写 T-SQL 和 XML 语句。在 Management Studio 中,数据库管理员(DBA)可以调用其他管理工具来完成日常管理工作。Management Studio 的工作界面,主要由"已注册的服务器"、"对象资源管理器"和"文档"三个窗口组成。

1. "已注册的服务器"窗口

该窗口列出的是经常管理的服务器,用户可以在此列表中添加或删除数据库服务器。如果计算机中以前安装了 SQL Server 2000 企业管理器,则系统将提示导入已注册服务器的列表。否则,列出的服务器仅包含运行 Management Studio 的计算机上的 SQL Server 实例。如果未显示所需的服务器,在"已注册的服务器"窗口中右击"数据库引擎",在弹出的快捷菜单中选择"更新本地服务器注册"命令。

"已注册的服务器"窗口上方有 5 个按钮,分别对应 Management Studio 的已注册的 5 种服务器类型:数据库引擎、Analysis Services、Reporting Services、SQL Server Mobile Edition 数据库和 Integration Services。可以单击不同的按钮在不同服务器间切换。

2. "对象资源管理器"窗口

"对象资源管理器"以树视图形式显示包括数据库引擎、Analysis Services、Reporting Services、Integration Services 和 SQL Server Mobile 等在内的数据库对象。"对象资源管理"包括与其连接的所有服务器的信息,打开 Management Studio 时,系统会提示使用最近的设置来连接到对象资源管理器,可以在"已注册的服务器"窗口中双击任意服务器进行连接,但无须注册要连接的服务器。

3. "文档"窗口

"文档"窗口是 Management Studio 中最大的一个窗口,包含查询编辑器和浏览器窗口,默认情况下,该窗口显示已与当前计算机上的数据库引擎实例连接的"摘要"页,如图 2-36 所示为数据表信息的查询界面。

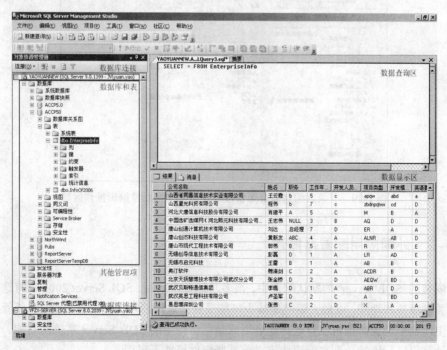

图 2-36   对数据表信息的查询界面

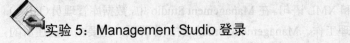

实验 5：Management Studio 登录

（1）启动 SQL Server Management Studio，如图 2-37 所示。

（2）通过 Windows 身份登录 Management Studio 管理平台，如图 2-38 所示。

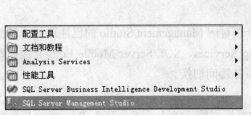

图 2-37　启动 Management Studio　　　　图 2-38　通过 Windows 身份登录 Management
　　　　　　　　　　　　　　　　　　　　　　　　　Studio 管理平台

（3）在登录后的操控界面中有两大重点操作区域：对象资源管理器和文档对象内容编辑操作区域。可以看到，在图 2-39 的对象资源管理器区域中，分别显示登录后的实例以及该实例下具体的数据库对象资源部分。

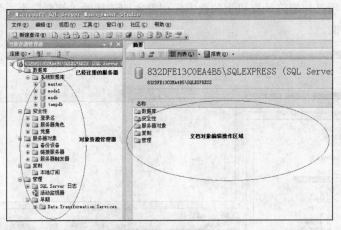

图 2-39　登录后的对象资源管理器区域和文档对象编辑操作区域

2-5-2　外围应用配置器概述

在新安装的 SQL Server 的默认配置中，很多功能并未启用。SQL Server 2005 仅有选择地安装并启动了关键服务和功能，以最大限度地减少可能受到恶意用户攻击的功能数量。系统管理员可以在安装时更改这些设置，也可以有选择地启用或禁用运行中的 SQL Server 实例的功能。此外，如果从其他计算机进行连接，则在配置协议之前某些组件可能不可用。

SQL Server 2005 开始提供了一个新的工具：外围应用配置器，如图 2-40 所示，该配置器旨在提供更好的安全性保护（称为默认安全）。它可以管理两部分的功能，包括：

图 2-40　启动 SQL Server 2005 外围应用配置器

（1）服务与连接：主要与服务的启动、停止，以及是否允许远程连接有关系。

（2）功能：主要与一些比较有安全隐患的功能有关系，如图 2-41 所示。

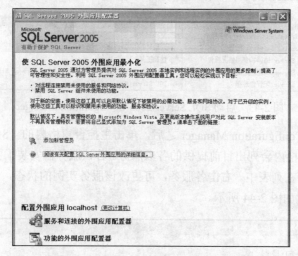

图 2-41　配置 SQL Server 2005 配置器

值得一提的是，这个工具在 SQL Server 2008 中被废除了，它的功能被合并到所谓的"方面管理"里面去了。如图 2-42 所示是服务和连接的外围应用配置器，该配置器可以进行对 SQL Server 2005 启动服务的基本配置。

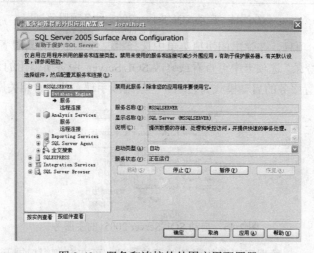

图 2-42　服务和连接的外围应用配置器

2-5-3   配置管理器（SQL Server Configuration Manager）

以往 SQL Server 提供了"SQL Server 服务管理器（SQL Server Service Manager）"、"服务器网络实用工具（SQL Server Network Utility）"、"客户端网络实用工具（SQL Server Client Network Utility）"三个工具程序供数据库管理人员做服务启动/停止与监控、服务器端支持的网络协议，用户用来访问 SQL Server 的网络相关设置等工作，新版的 SQL Server 2005 将三个界面所提供的功能集成为一个界面，数据库管理员（DBA）通过 SQL Server Configuration Manager 可以一并管理 SQL Server 所提供的服务、服务器与客户端通信协议以及客户端其他的基本配置管理。启动 SQL Server Configuration Manager 的步骤如图 2-43 所示。

图 2-43   启动 SQL Server 2005 Configuration Manager

启动 SQL Server Configuration Manager 之后，单击主控台窗格内的"SQL Server 2005 服务"节点，右侧详细数据窗格内会列出目前提供的各项服务。若该服务器安装了多个数据库引擎或其他服务的实例，会全部列在列表中。右击各服务，可更改该服务实例的状态，例如启动、停止、暂停或重新启动。各项设置如图 2-44 所示。

图 2-44   启动 SQL Server 2005 的各项服务

右击 SQL Server 项目，在弹出的快捷菜单中选择"属性"命令便可设置、查看该服务内容，如图 2-45 所示。在"登录"选项卡中可查看或修改 SQL Server 服务所使用的系统登录账号。在"服务"选项卡中可以设置服务的启动模式为自动、已禁用或手动，并查看相关属性，如图 2-46 所示。

图 2-45   启动 SQL Server 2005 的主服务

若要设置 SQL Server 数据库引擎的服务器通信协议，可在左侧窗口展开"SQL Server 2005 网

络配置"节点后，右击主控台窗口中的服务器实例，在弹出的快捷菜单中选择"属性"命令，即可
在"协议"对话框中设置相关选项，如图 2-47 所示。

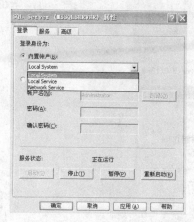 

图 2-46　查看 SQL Server 2005 主服务的内置账户　　图 2-47　配置 SQL Server 2005 的服务器通信协议

2-5-4　SQL Server 2005 命令行工具 SQLCMD 概述

有时系统管理员只需要执行 SQL 脚本把工作完成即可，不需要花哨的桌面用户界面，SQL
Server 7.0 与 2000 的简单命令行工具 OSQL 就具有这样的能力。为了保持向后兼容，OSQL 也包含
在 SQL Server 2005 中，作为标准安装包的一部分。不过 OSQL 不支持 SQL Server 2005 的一些新
功能。目前首推的命令行脚本工具的名字是 SQLCMD。这个工具可以在数据库服务器的任何目录
路径下的命令行提示符窗口中执行。SQLCMD 绝对是一个老学究型的执行 SQL 的方法，但有时它
的确要比任何更新、更复杂的工具易用。

要使用 SQLCMD，打开命令行提示符窗口。方法是：单击 Windows "开始"按钮，从程序菜
单中选择"运行"，在"运行"对话框中键入 CMD，然后单击"确定"按钮。在命令行提示符窗
口中显示的当前目录是什么并不重要。要查看可用的命令列表，只需要键入"SQLCMD-?"然后按
Enter 键即可，如图 2-48 所示。

图 2-48　SQL CMD 命令行工具启动界面及查看命令

实验 6：学习如何恢复备份数据库（实验前期准备）

（1）新建数据库，如图 2-49 所示。

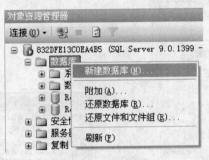

图 2-49　新建数据库

（2）建立 school（学校）数据库，如图 2-50 所示。

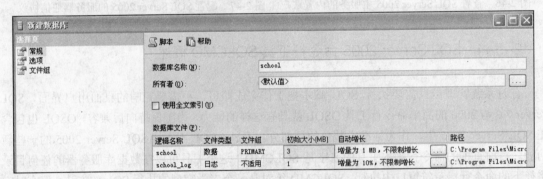

图 2-50　建立 school 数据库

（3）右击 school 数据库，选择"任务"→"还原"→"数据库"命令，如图 2-51 所示。

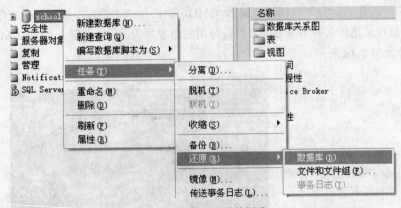

图 2-51　启动还原数据库

　　（4）在"还原数据库"对话框中，选择"源设备"，单击右侧的选择按钮，打开指定备份。单击"添加"按钮，在打开的"定位备份文件"对话框中选择还原备份文件 school1，如图 2-52 所示。

　　（5）备份数据库信息将出现在还原的备份集界面中，将该还原项打勾，准备还原数据库，如图 2-53 所示。

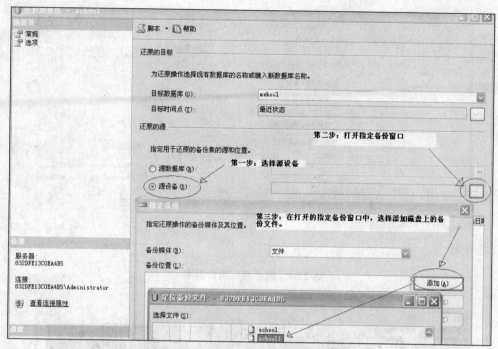

图 2-52　打开备份还原数据库文件

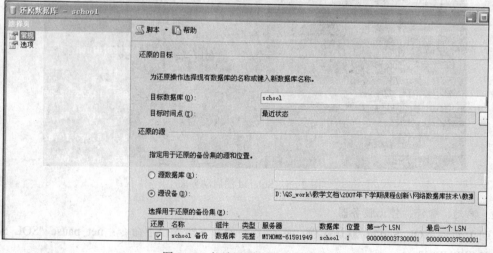

图 2-53　勾选还原的备份集界面

（6）还原前再次单击"选择项"，在右侧的配置界面选中"覆盖现有数据库"复选项。回到"常规选项"对话框，单击"确定"按钮开始还原 school 数据库。最终显示还原成功界面。如果不覆盖现有的数据库，则会与现在新建的 school 数据库磁盘文件相冲突，还原会失败，如图 2-54 所示。

实验 7：通过 Sqlcmd 查询数据库中的表信息

1. 即席查询

Sqlcmd 的启动将导致该工具通过 Windows 身份链接到本地的默认实例；也可以通过"sqlcmd -s"参数链接到远程服务器或者某个实例上，如图 2-55 所示。

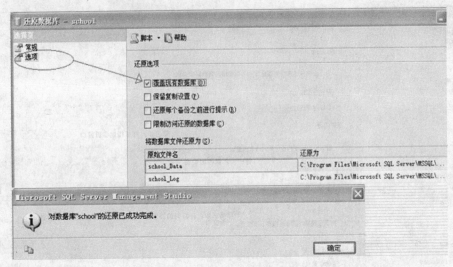

图 2-54　覆盖现有的数据库

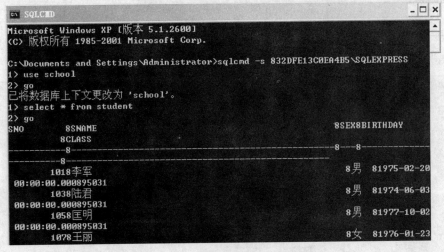

图 2-55　Sqlcmd 的启动界面

2. 启动、暂停、停止服务器

（1）暂停 SQL Server 默认实例。在命令提示符下输入以下命令：net pause "SQL Server (MSSQLSERVER)"。

（2）暂停 SQL Server 命名实例。在命令提示符下输入下列命令之一（请用要管理的实例的名称替换 instancename）：

　　net pause SQL Server (instancename)或 net pause MSSQL$instancename

（3）恢复暂停的 SQL Server 默认实例。在命令提示符下输入以下命令：net continue MSSQLSERVER。

（4）恢复暂停的 SQL Server 命名实例。在命令提示符下输入下列命令之一（请用要管理的实例的名称替换 instancename）：

　　net continue SQL Server (instancename)或 net continue MSSQL$instancename

如图 2-56 所示为暂停和重启当前本机 SQL Server 服务的命令执行过程。

```
C:\Documents and Settings\Administrator>net pause "SQL Server (MSSQLSERVER)"
SQL Server (MSSQLSERVER) 服务已成功暂停。

C:\Documents and Settings\Administrator>net start "SQL Server (MSSQLSERVER)"
请求的服务已经启动。
```

图 2-56　暂停和重启当前本机 SQL Server 服务的命令执行过程

2-6　SQL Server 系统数据库简介

学习目标

- SQL Server 2005 的系统数据库。
- 元数据检索。
- SQL Server 的基本对象。
- SQL Server 对象的引用。

Microsoft SQL Server 2005 内的数据库从大的方向可以分为系统数据库和用户数据库。系统数据库负责对当前的数据库管理系统的程序运行、并发控制、系统监控、用户安全性等工作进行有效管理，并完整记录各项工作的流程，这些系统数据库在运行中可以有效地对当前数据进行数据定义、数据控制和数据操纵进行管理。用户数据库是由用户定义的，面向具体软件开发应用的数据存储实例。用户数据库的建立是其自身规律性的，是由设计人员根据具体软件项目的业务实体关系，设计并产生概念数据模型（CDM），进而转化为计算机系统可识别的物理数据模型（PDM），并对存储在计算机内的数据文件和日志文件进行有效管理的一整套设计方案。

2-6-1　SQL Server 2005 的系统数据库

对于数据库开发人员而言，了解 SQL Server 自带的系统数据库也是十分有必要的，通过研究这些系统数据库里的表，可以学到很多有关 SQL Server 工作原理的实用知识。SQL Server 2005 的系统数据库包括 Master 数据库、Model 数据库、Msdb 数据库、Tempdb 数据库、Distribution，以及用户数据库，如图 2-57 所示。

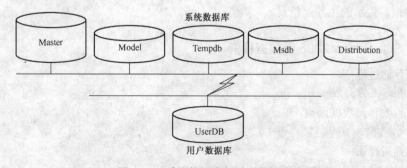

图 2-57　系统数据库与用户数据库

1. Master 数据库

数据库是 SQL Server 系统最重要的数据库，它记录了 SQL Server 系统的所有系统信息。这些系统信息包括诸如系统登录、配置设置、已连接的 Server 等信息，以及用于该实体的其他系统和用户数据库的一般信息。Master 数据库保存在 SQLSERVER 实例上的所有数据库中，它还是将引擎固定起来的粘合剂。由于如果不使用主数据库，SQLSERVER 就不能启动，所以必须要小心地管理好这个数据库。因此，对这个数据库进行常规备份是十分必要的。

2. Model 数据库

Model 数据库是所有用户数据库和 Tempdb 数据库的模板数据库，它含有 Master 数据库所有系统表的子集，这些系统数据库是每个用户定义数据库需要的。

3. Msdb 数据库

Msdb 数据库是代理服务数据库，为其警报、任务调度和记录操作员的操作提供存储空间。

4. Tempdb 数据库

Tempdb 是一个临时数据库，它为所有的临时表、临时存储过程及其他临时操作提供存储空间。这个数据库在 SQLSERVER 每次重启时都会被重新创建，而其中包含的对象是依据模型数据库里定义的对象被创建的。除了这些对象，Tempdb 还存有其他对象，例如表格变量、来自表格值函数的结果集，以及临时表格变量。由于 Tempdb 会保留 SQLSERVER 实体上所有数据库的这些对象类型，所以对数据库进行优化配置是非常重要的。在 SQL Server 2005 中，Tempdb 数据库还有一项额外的任务：被用作一些特性的版本库，例如新的快照隔离层和在线索引操作等。

5. distribution 数据库

当 SQLSERVER 示例被配置为复制分发数据库时，这个数据库就会被添加到当前运行的实例中。在默认情况下，数据库的名字就是 distribution，但是允许更改它的名字。这个数据库用来保存历史和快照、合并和事务复制等的元数据。

6. 用户数据库

包括系统自带的用户数据库，如 Pubs 和 Northwind 数据库就是两个示例数据库，它们可以作为 SQL Server 的学习工具。当然也包括由用户自行定义的数据库。

2-6-2 元数据检索

元数据（metadata）是指有关数据的机构数据，是关于数据的信息。在关系型数据库中，元数据描述了数据的结构和意义。例如，表及视图的个数与名称，数据属性的类型长度精度描述等，表以及属性的约束，关系的主外键信息。

 实验 8：SQL Server 2005 元数据检索

- 系统存储过程：
```
EXEC sp_help Employees
```
- 系统函数和元数据函数：
```
SELECT USER_NAME(10)
```
- 信息架构视图：
```
SELECT * FROM INFORMATION_SCHEMA.TABLES
```

2-6-3　SQL Server 的基本对象

SQL Server 是典型的关系型数据库系统,这一基本原则决定了其必然将继承关系型数据库的基本理论和概念，这些基本对象主要包括下列内容。

1. 数据库

存储物理模型衍生文件的仓库，包含 SQL Server 的全部对象，同时也可表示管理和访问数据。

2. 表

也称基本表，描述实体的属性和域的定义，也反映存储数据行和定义多个表之间的关系。

3. 索引

描述怎样使用索引提高访问表中数据的速度。

4. 视图

描述各种视图及其作用，它们的作用在于为查看一个或多个表中的数据提供变通方式。

5. 存储过程

描述这些 Transact-SQL 程序是怎样将业务规则、任务和进程集中在服务器内的。

6. 触发器

为了保证数据库的完整性（含实体完整性、参照完整性和用户定义完整性），SQL Server 通过触发器强制实施对数据操纵过程中的具体业务规则,触发器可以分为用户自定义触发器和系统自动生成的触发器。

7. 全文索引

在进行大文本信息的检索过程中，一般的查询语句并没有较好的查询效率，通过全文检索可以大大提高对存储在基于字符的列中的数据（如 varchar 和 text）的查询功能。

2-6-4　SQL Server 对象的引用

SQL Server 对象的引用方式主要有两种：完全限制名和部分限制名，其中完全限制名是查询具体数据库对象时的全称表示方式，这种方式在一般本机查询环境中并不需要使用，但是在分布式数据库的查询中往往需要；部分限制名是查询具体数据库对象时的简称表示方式，可以省略部分默认的名称而不影响查询的结果。

1. 完全限定名

基本的表示方式为 server.database.owner.object。server 表示网络服务器名，database 表示该服务器环境下的访问数据库名，owner 表示访问的网络用户名，object 表示当前数据库环境下的具体对象名。

2. 部分限定名

在完全限定名的基础上进行部分命名的省略就是部分限定名，一般而言可以省略的部分包括：

（1）Server：以本地服务器的当前实例为默认值，一般是（local）。

（2）Database：以当前登录的数据库为默认值。

（3）Owner：以当前登录账户在该数据库中对应的用户名为默认值，一般是 dbo。

例如，CREATE TABLE Northwind.dbo.OrderHistory 就表示为在本地服务器中，以 dbo 用户的

身份在 Northwind 数据库下建立基本表 OrderHistory。

本章考纲

- 了解 SQL Server 数据库属于什么类型的数据库管理系统。掌握 SQL Server 的基本结构主要包含哪 3 个方面的内容。
- 掌握 SQL Server 的 4 种服务，掌握 SQL Server 中实例的概念。
- 上机实现通过操作系统的服务功能启动 SQL Server 服务，可以区分用户实例和 SQL\EXPRESS 实例。
- 掌握服务器名称的 5 种填写方式。上机实现 SQL Server 2005 环境下的 2 种验证方式：Windows 验证和 SQL Server 验证。
- 了解 SQL Server 2005 工具集的基本情况。
- 了解 SQL Server 2005 版本及运行的软硬件环境。
- 了解 SQL Server 2005 的主要组件名称以及功能特征。
- 掌握 SQL Server 2005 的安装过程，可以解决安装中出现的若干问题。
- 上机实现注册、配置和管理 SQL Server 2005 服务器。
- 上机实现 SQL Server 2005 命令行工具 SQLCMD，可以通过命令行实现对数据库服务器的停止、暂停和重新启动的功能；学习如何通过 SQLCMD 命令行工具实现对数据库服务器的登录以及 SQL 操作。
- 掌握 SQL Server 2005 的系统数据库以及这些数据库的基本功能，了解元数据的概念以及如何检索元数据。
- 掌握 SQL Server 的基本对象的概念：数据库、表、索引、视图、存储过程、触发器、全文索引。
- 掌握如何进行 SQL Server 对象的引用方法。

课后练习

一、填空题

1. 数据库的文件可以分 3 种，依次是＿＿＿＿、＿＿＿＿和＿＿＿＿。
2. SQL Server 的 4 种服务分别是＿＿＿＿、＿＿＿＿、＿＿＿＿、＿＿＿＿。
3. SQL Server 2005 的 2 种登录模式分别是＿＿＿＿和＿＿＿＿。
4. SQL Server 2005 的工具集主要包括＿＿＿＿、＿＿＿＿、＿＿＿＿、＿＿＿＿、＿＿＿＿、＿＿＿＿、＿＿＿＿；
5. SQL Server 2005 的版本主要包括 6 个版本，分别是：＿＿＿＿、＿＿＿＿、＿＿＿＿、＿＿＿＿、＿＿＿＿、＿＿＿＿。
6. SQL Server 2005、Visual Studio 2005、Visual Studio 2008 的安装顺序分别是＿＿＿＿、＿＿＿＿、＿＿＿＿。

二、选择题

1. SQL Server 2005 属于（   ）类型的软件。
   A．操作系统   B．管理信息系统
   C．关系型数据库管理系统   D．数据库系统

2. 如果进行作业调度和消息服务，应当属于下列的哪种服务？（   ）
   A．SQL Server 服务   B．SQL Server Agent 服务
   C．SQL Server 分布式事务协调程序   D．MS SQL Server 搜索服务

3. 在 Windows XP Home Edition 操作系统中可以安装 SQL Server 2005 的（   ）。
   A．企业版   B．开发版   C．工作组版   D．标准版

4. 为所有的临时表、临时存储过程及其他临时操作提供存储空间的系统数据库是（   ）。
   A．Tempdb 数据库   B．Model 数据库
   C．Master 数据库   D．Msdb 数据库

三、简答题

1. 什么是实例？SQL 实例与 SQL\EXPRESS 是一个版本吗？有什么不同？

2. sa 用户无法登录 SQL Server 系统，请分析主要原因可能是什么？

第 3 章 数据库备份与恢复技术

- SQL Server 2005 数据库备份，掌握完全备份、差异备份和日志备份的方法
- SQL Server 2005 数据库恢复，掌握完全备份、差异备份和日志备份中恢复数据的基本方法

3-1 SQL Server 2005 的数据库备份

- 数据库备份概述。
- 掌握如何分别在可视化及命令行方式建立和删除数据库磁盘备份设备。
- 掌握在可视化状态下进行完全、差异、日志数据备份的方法，重点掌握通过命令行进行完全、差异、日志数据备份的方法。
- 掌握在可视化状态下进行完全、差异、日志数据恢复数据的方法，重点掌握通过命令行进行完全、差异、日志数据恢复数据的方法。

SQL Server 2005 提供了完善的数据库备份和还原功能。用户可以将 SQL Server 2005 数据库中的数据导出到其他数据库系统中，也可以将其他数据库系统中的数据导入到 SQL Server 2005 中。本章主要介绍如何使用 SQL Server 2005 进行备份还原和数据导入/导出操作。

3-1-1 数据库备份概述

"备份"是数据的副本，用于在系统发生故障后还原和恢复数据。备份使用户能够在发生故障后还原数据。通过适当备份，可以从多种故障中恢复，包括：

（1）系统故障。

（2）用户错误（例如，误删除了某个表、某个数据）。

（3）硬件故障（磁盘驱动器损坏）。

（4）自然灾难。

SQL Server 2005 备份创建在备份设备上，如磁盘或磁带媒体。使用 SQL Server 2005 可以决定如何在备份设备上创建备份。例如，可以覆盖过时的备份，也可以将新备份追加到备份媒体。执行备份操作对运行中的事务影响很小，因此可以在正常操作过程中执行备份工作。SQL Server 2005 提供了多种备份方法，用户可以根据具体应用状况选择合适的备份方法备份数据库。

说明：数据库备份并不是简单地将表中的数据复制，而是将数据库中的所有信息，包括表数据、视图、索引、约束条件，甚至是数据库文件的路径、大小、增长方式等信息也备份。

创建备份的目的是为了可以恢复已损坏的数据库。但是，备份和还原数据需要在特定的环境中进行，并且必须使用一定的资源。因此，可靠地使用备份和还原以实现恢复需要有一个备份和还原策略。

设计有效的备份和还原策略需要仔细计划、实现和测试。需要考虑以下因素：

（1）组织对数据库的生产目标，尤其是对可用性的防止数据丢失的要求。

（2）每个数据库的特性。其大小、使用模式、内容特性及其数据要求等。

（3）资源的约束。例如，硬件、人员、存储备份媒体空间以及存储媒体的物理安全性等。

3-1-2　数据库磁盘备份设备

数据库磁盘备份设备简称备份设备，是由 SQL Server 2005 提前建立的逻辑存储定义设备。之所以称其为逻辑设备，是由于在建立备份设备时需要明确指定具体的磁盘存储路径，即便该磁盘存储路径并不存在，也可以正常建立一个备份设备。下面通过实际案例说明，如何在资源管理界面中建立磁盘备份设备。

实验 1：在资源管理器中建立备份设备

本案例将创建磁盘备份设备的物理备份名为 C:\back\school_back.bak，逻辑备份设备名为 db_school_bakdevice。

（1）在 SQL Server 管理平台的"对象资源管理器"窗口中展开"服务器对象"的子节点，右击"备份设备"，弹出快捷菜单，如图 3-1 所示。

（2）单击"新建备份设备"选项，打开"备份设备"对话框。在"设备名称"文件框中输入 db_school_bakdevice；在不存在磁带机的情况下，"目标"选项自动选中"文件"单选项，在"文件"单选项对应的文本框中输入文件路径和名称 C:\back\school_back.bak，如图 3-2 所示。

图 3-1　完全数据备份示意图

图 3-2　设置备份设备示意图

实验 2：在资源管理器中删除备份设备

在 SQL Server 管理平台的"对象资源管理器"窗口中展开"服务器对象"的子节点"备份设

备"。右击 db_school_bakdevice 节点，在弹出的快捷菜单中删除该设备，如图 3-3 所示。

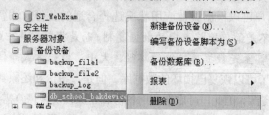

图 3-3   删除备份设备示意图

实验 3：通过命令方式建立和删除备份设备

1. 建立备份设备

可以通过执行系统存储过程 sp_addumpdevice 的形式，建立一个磁盘备份设备，基本语法如下：

```
EXEC sp_addumpdevice 'device_type', 'logical_name', 'physical_name'
```

其中各参数的含义如下：

（1）device_type：设备类型，'disk|tape'，disk 表示磁盘，tape 表示磁带。

（2）logical_name：逻辑磁盘备份设备名。

（3）physical_name：物理磁盘备份设备名。

例 1. 使用 T-SQL 语句的存储过程 sp_addumpdevice 命令行创建磁盘备份设备的物理备份设备名为 E:\backup\student_bak，逻辑备份设备名为 db_student_bakdevice。

```
exec sp_addumpdevice 'disk','db_student_bakdevice','E:\backup\student_bak'
```

2. 删除备份设备

删除一个磁盘备份设备的基本语法如下：

```
EXEC sp_dropdevice 'logical_name', 'delfile'
```

其中各个参数的含义是：

（1）logical_name：逻辑磁盘备份设备名。

（2）delfile：表示是否同时删除磁盘备份物理设备名。

例 2. 使用 T-SQL 语句的存储过程 sp_dropdevice 命令行删除前面刚创建的磁盘备份设备。

```
exec sp_dropdevice 'db_student_bakdevice',delfile'
```

3-1-3   数据库备份方法

数据库备份包括完整备份和差异性备份。数据库备份易于使用，并且适用于所有数据库，与恢复模式无关。完整备份包含数据库中的全部数据和日志文件信息，也被称为全库备份或者海量备份。对于文件磁盘量较小时，完全备份的资源消耗并不能显现，但是一旦数据库文件的磁盘量非常大时，就会明显地消耗服务器的系统资源。因此对于完全备份一般需要停止数据库服务器的工作，或在用户访问量较少的时间段进行此项操作。

差异性备份仅记录自前一完整备份后发生更改的数据扩展盘区数，也就是记录完全备份后产生差异的那一部分数据。由于所生成的数据量相对较少，因此差异备份的效率较高，对资源的消耗也较少。但是一旦完全备份的数据库损坏，则差异性备份在数据恢复的时候也就失去了价值，因此其可靠性较完全备份略差一些。

可以进行数据库备份的角色成员包括 sysadmin、db_owner 和 db_backupoperator，而数据库备份的介质一般包括硬盘、磁带或命名管道（Named Pipe）。

1. 完整性备份

完整备份（以前称为数据库备份）将备份整个数据库，包括事务日志部分（以便可以恢复这个备份）。完整备份代表备份完成时的数据库。通过包括在完整备份中的事务日志，可以实时用备份恢复到备份完成时的数据库。创建完整备份是单一操作，通常会安排操作定期发生。

每个完整备份使用的存储空间比其他的差异备份使用的存储空间更大。因此，完成完整备份需要更多的时间，因而创建完整备份的频率通常要比创建异常备份的频率低。

通过还原数据库，只用一步即可从完整的备份重新创建整个数据库。如果还原目标中已经存在数据库，还原操作将会覆盖现有的数据库；如果该位置不存在数据库，还原操作将会创建数据库。还原的数据库将与备份完成时的数据库状态相符，但不包含任何未提交的事务。恢复数据库后，将回滚到未提交的事务。

当执行全库备份时，SQL Server 将备份在备份过程中发生的任何活动，以及把任何未提交的事务备份到事务日志。在恢复备份时，SQL Server 利用备份文件中捕捉到的部分事务日志来确保数据一致性。如图 3-4 所示为完全数据备份示意图。

图 3-4　完全数据备份示意图

实验 4：在资源管理器中进行完全数据备份

（1）打开资源管理器，右击 school 数据库，在展开的菜单中选择"任务"→"备份项"选项，如图 3-5 所示。

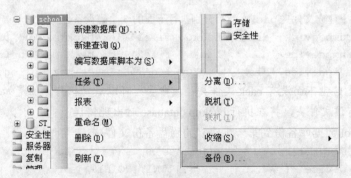

图 3-5　在资源管理器中打开磁盘备份

（2）在展开的备份数据库界面中，选择"备份类型"为"完整"，"备份组件"为"数据库"，备份目标为备份到"磁盘"，选择添加磁盘的具体路径及备份文件名为 C:\school_fullback.bak，如图 3-6 所示。单击"确定"按钮后完成完全数据备份的工作，所生成的 C:\school_fullback.bak 文件将在后面的数据库恢复中被重新应用。

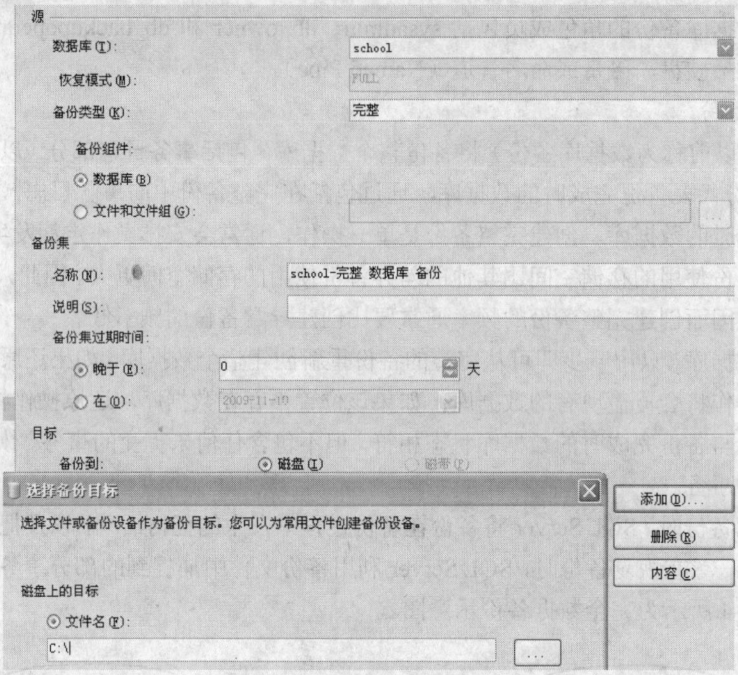

图 3-6 配置数据库完全备份

实验 5：通过命令行进行完全数据备份

（1）sp_addumpdevice 是系统存储过程，用于创建磁盘备份文件，其基本命令行如下所示：

```
sp_addumpdevice       [@devtype=]'device_type',[@logicalname=]'logical_name',
[@physicalname = ] 'physical_name'[,{[@cntrltype = ] controller_type|[@devstatus=]
'device_status' }]
```

下面建立磁盘备份文件。

```
use master    --首先，进入 master 数据库
Go
--下面在 C 盘下建立文件夹 back，然后分别执行下面的 3 个磁盘备份文件
exec sp_addumpdevice 'disk','backup_file1','c:\back\backup_file1.bak'
exec sp_addumpdevice 'disk','backup_file2','c:\back\backup_file2.bak'
exec sp_addumpdevice 'disk','backup_log','c:\back\backup_log.bak'
```

注意：即便是 C 盘下面没有 back 文件夹，该命令也可以成功执行。但是如果在实际进行磁盘备份中，由于没有该文件夹，将在执行 backup database 时出现错误。

（2）将 school 数据库备份到第一步建立的磁盘备份文件中。

```
BACKUP DATABASE{database_name|@database_name_var} <file_or_filegroup> [ ,...f ]
TO <backup_device> [ ,...n ]  ..[[,]{INIT|NOINIT}]
```

在进行数据库备份时，INIT 和 NOINIT 选项参数非常重要。

（1）使用 NOINIT 选项，SQL Server 把备份追加到现有的备份文件，也就是在原有的数据备份基础上，继续将现有的数据库追加性地继续备份到该磁盘备份文件中。

（2）使用 INIT 选项，SQL Server 将重写备份媒体集上的所有数据，即将上次备份的文件抹去，重新将现有的数据库文件写入到该磁盘备份文件中。

```
backup database school to backup_file1 with noinit
backup database school to backup_file2 with init
```
--请反复执行这两句个语句，可以很快从磁盘文件的空间变化中发现 init 和 no init 的区别，如图 3-7 所示。

backup_file2.bak	1,885 KB	BAK 文件
backup_file1.bak	7,535 KB	BAK 文件

图 3-7　init 和 noinit 完全备份后磁盘空间的差异

--可见，init 由于重新建立磁盘备份，因此文件并没有增长；由于 noinit 是追加备份，因此磁盘文件增长非常明显。当然，也可以不需要使用磁盘备份文件，通过直接指定磁盘路径的方式实现对数据库文件进行备份。

```
BACKUP DATABASE school  TO  DISK='D:\ Mydiffbackup.bak'
```

2. 差异性备份

差异性备份是无需完全数据备份，仅将变化的数据存储并追加到数据库备份文件中的过程。差异性备份仅记录自上次完整备份后更改过的数据，但比完整备份更小、更快，可以简化频繁的备份操作，减少数据丢失的风险。差异性备份必须基于完整备份，因此差异性备份的前提是进行至少一次的完全数据备份。

在还原差异备份之前，必须先还原其完全数据备份。如果按给定备份的要求进行一系列差异性备份，则在还原时只需还原一次完全数据备份和最近的差异性备份。执行差异性备份的前提和基本条件如下：

（1）用于经常被修改的数据库。

（2）要求一个完全数据备份，这是执行差异性备份的前提。

（3）备份自上次完全数据备份以来的数据库变化。

执行差异性备份的语法与完全数据备份基本一致，仅有的区别是在后面写上 WITH DIFFERENTIAL 参数即可。

实验 6：通过命令行进行差异数据备份

```
BACKUP DATABASE school  TO  DISK='D:\school_back.bak'  WITH DIFFERENTIAL
--或者
backup database school to backup_file2  WITH DIFFERENTIAL
```

实验 7：在管理平台中进行差异数据备份

由于完整差异备份仅记录自上次完整备份后更改过的数据。因此，首先对数据库中的数据进行修改。在数据库的表中增加一个新的记录。在对象资源管理器中进行完整差异备份的步骤如下：

打开备份向导。在"备份数据库"对话框中，选择"备份类型"为"差异"。在备份的目标中，指定备份到的磁盘文件位置（本例中为 C:\back\school.bak 文件），如图 3-8 所示，单击"确定"按钮。备份完成后，可以找到 C:\back\school.bak 文件。

3. 日志文件备份

其实数据库的日志文件是记录数据库 **UPDATE**、**DELETE** 操作的踪迹，也是当数据库发生意外（如黑客攻击、系统数据库发生破坏等）时我们能够让数据库恢复至特定时刻的保证。因此备份文件非常重要。那么什么是日志文件备份呢？当数据库文件发生信息更改时，其基本的操作记录将通过日志文件进行记录，对于这一部分操作信息进行的备份就是日志文件备份。

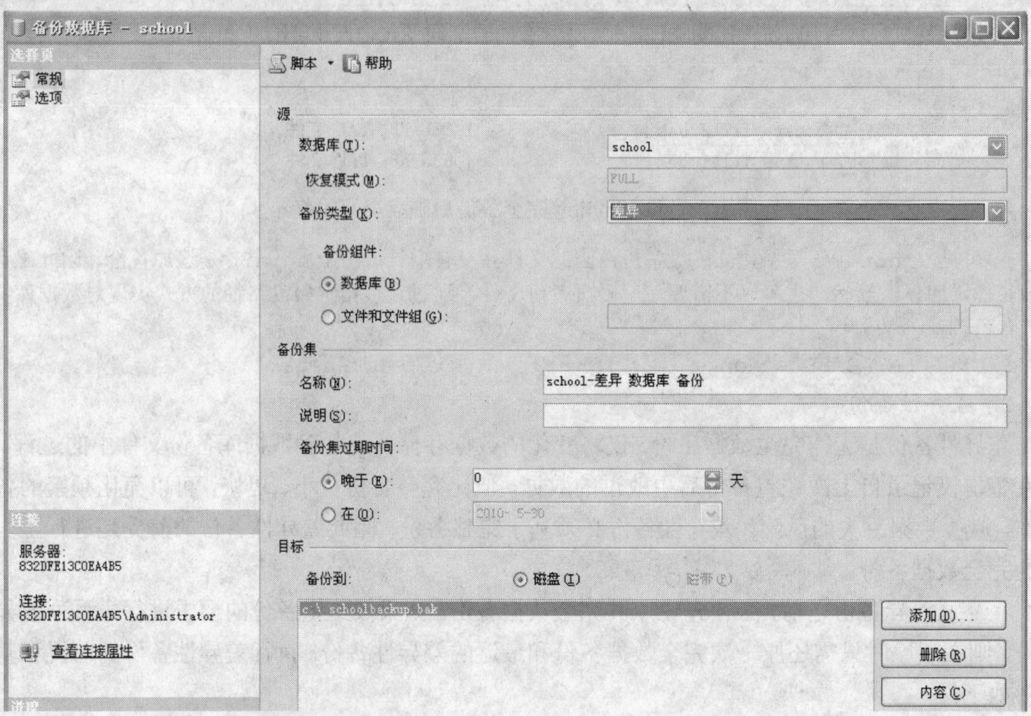

图 3-8   "备份数据库"对话框

执行日志文件备份的前提和基本条件是要求一个完全数据备份，备份日志文件的语法形式如下：

```
BACKUP LOG { database_name | @database_name_var }
{TO < backup_device > [ ,...n ] [ WITH [ , ] { INIT | NOINIT } ] [ [ , ] NO_TRUNCATE ] }
```

该命令中基本参数的含义如下：

（1）NO_LOG | TRUNCATE_ONLY 选项。

无须备份复制日志即删除不活动的日志部分，并且截断日志。该选项会释放空间。因为并不保存日志备份，所以没有必要指定备份设备。NO_LOG 和 TRUNCATE_ONLY 是同义的，使用 NO_LOG 或 TRUNCATE_ONLY 备份日志后，记录在日志中的更改不可恢复。为了恢复数据库的准确性，在执行日志文件应用该参数命令的同时，请立即执行 BACKUP DATABASE 命令，进行完全数据备份工作，以防止数据的意外丢失。

当数据库文件被损坏或者丢失，应该使用 NO-TRUNCATE 选项备份事务日志，该选项可以完全备份所有数据库的最新活动信息。执行后 MSSQL 将进行下面的活动：

- 保存整个事务日志，即使无法访问数据库。
- 不清理已提交事务日志的事务。
- 可以将数据库恢复到系统出现故障的时刻。

使用 TRUNCATE-ONLY 选项，或者 NO_LOG 选项，一般在以下情况发生时：

- 事务日志已满，清理日志文件。
- 需要截断事务日志。

（2）NO_TRUNCATE 选项。

该参数只能够与 BACKUP LOG 命令一起使用，该参数使用的意义是，指定不截断日志，并使数据库引擎尝试执行备份，而不考虑数据库的状态。因此，使用 NO_TRUNCATE 执行的备份可能具有不完整的元数据。该选项允许在数据库损坏时备份日志。实质上，当数据库遭受严重损坏后，该命令是最后的解决办法，即无论怎样都先将发生的任何操作信息备份到日志中，后期尝试进行尽可能的还原工作。

实验 8：在管理平台中进行日志文件备份

打开备份向导。在"备份数据库"对话框中，选择"备份类型"为"事务日志"。在备份的目标中，指定备份到的磁盘文件位置（本例中为 C:\back\backup_log.bak 文件），如图 3-9 所示，单击"确定"按钮。备份完成后，可以找到 C:\back\backup_log.bak 文件。

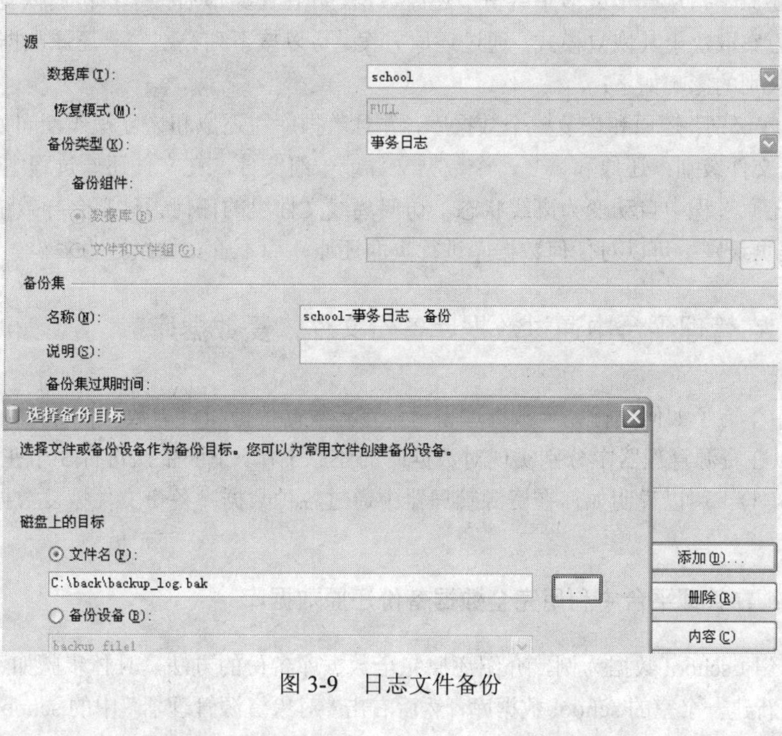

图 3-9　日志文件备份

实验 9：通过命令行进行日志文件备份

```
--备份事务日志，追加到现有日志文件
backup log school to disk='d:\school_log.bak'  WITH NOINIT
--清空日志文件
backup log school with no_log
--备份事务日志，重写现有日志文件，并尽可能的将所有发生的操作信息到日志文件中
BACKUP LOG school  TO DISK='c:\school_log.bak'  WITH INIT,NO_TRUNCATE
--如果不想要日志或者是日志已没有什么作用时，可以考虑以下的实现方案
 backup log DBNAME with [no_log|truncate_only][no_truncate]
```

3-2　SQL Server 2005 的数据库恢复

 学习目标

- 掌握在可视化状态下进行完全、差异、日志数据恢复数据的方法。
- 重点掌握通过命令行进行完全、差异、日志数据恢复数据的方法。
- 熟练掌握案例及案例所示的命令行过程。

数据库的还原是指从一个或多个备份中还原数据，并在还原最后一个备份后恢复数据库。数据库支持的还原方案取决于其恢复模式。通过还原方案，可以按下列级别之一还原数据：数据库和数据文件。每个级别的影响如下：

（1）数据库级别：还原和恢复整个数据库，并且数据库在还原和恢复操作期间处于离线状态。

（2）数据文件级别：还原和恢复一个数据文件或一组文件。在文件还原过程中，包含相应文件的文件组在还原过程中自动变为离线状态。访问离线文件组的任何尝试都会导致错误。

（3）数据页级别：可以对任何数据库进行页面还原，而不管文件组数为多少。

3-2-1　在管理平台中通过数据库备份文件恢复数据库

在 3-1 节中学习了如何进行完全数据库备份、差异数据备份和日志数据备份，利用这些数据库备份文件，可以在资源管理器中分别实现对数据库的还原工作。下面依次进行 3 个在资源管理器中的数据库还原实验，用以说明如何在资源管理器中通过各种数据库备份文件恢复数据库。

实验 10：在管理平台中利用完全数据备份还原数据库

这里仍以还原 school 数据为例，介绍还原完全数据库备份的方法，具体步骤如下：

（1）首先新建一个空的 school 数据库，然后右击“对象资源管理器”中的 school 数据库对象，在弹出的快捷菜单中选择“任务”→“还原”→“数据库”选项，如图 3-10 所示。

图 3-10　数据库还原菜单

（2）在“还原数据库”对话框中，选择还原的数据库为 school，选择用于还原的备份集为在备份操作中备份的完整数据集，如图 3-11 所示。

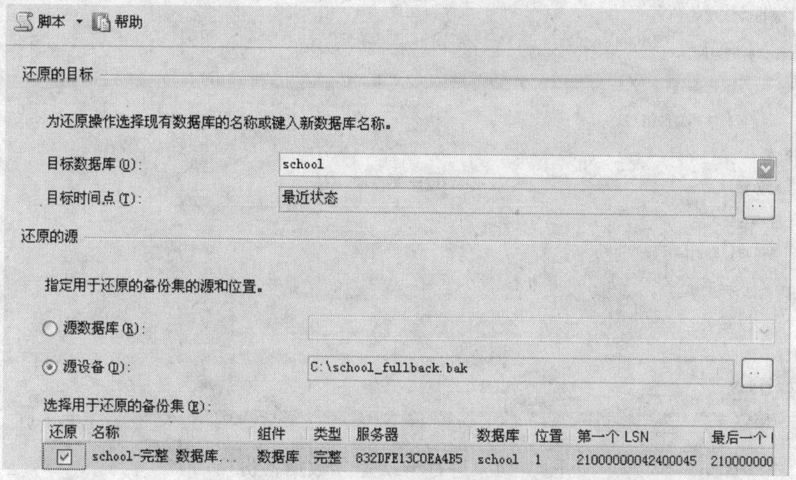

图 3-11　“还原数据库”对话框

（3）在“还原数据库”对话框中选择选项，在“还原选项”中选中“覆盖现有数据库”复选框，如图 3-12 所示，单击“确定”按钮。还原操作完成后，打开 school 数据库，可以看到其中的数据进行了还原。在 school 中看不到进行完整备份后新增加的 school 数据，因为还原过程进行了完整备份的还原。

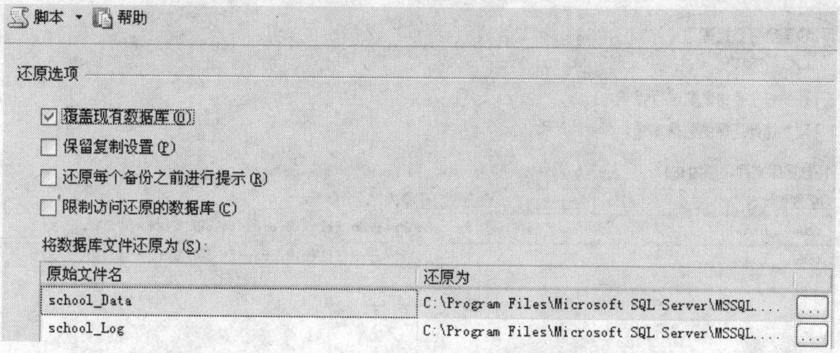

图 3-12　“还原数据库”对话框

实验 11：在管理平台中中利用差异数据备份还原数据库

（1）在实验 10 的基础上，将 school 数据库的 student 表中插入一条学生记录后（假设姓名是关羽，如图 3-13 所示），选择一次差异数据备份，备份至 backup_file2.bak 文件中，如图 3-14 所示。

	110	孙悟空	男	1980-12-3 0:00:00	01097
	212	猪八戒	男	1981-3-2 0:00:00	01097
	544	张飞	男	NULL	95033
▶	999	关羽	男	NULL	NULL

图 3-13　新插入一条数据

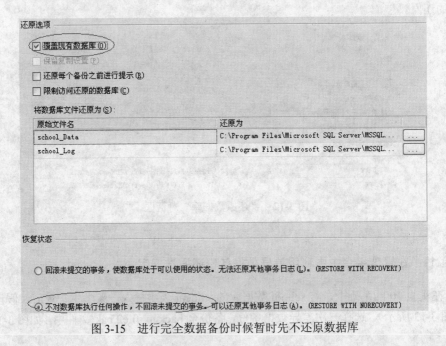

源

数据库 (T):	school
恢复模式 (M):	FULL
备份类型 (K):	差异

备份组件:

● 数据库 (B)
○ 文件和文件组 (G):

备份集

名称 (N):	school-差异 数据库 备份
说明 (S):	

备份集过期时间:

● 晚于 (E):   0   天
○ 在 (O):   2009-11-10

目标

备份到:	● 磁盘 (I) ○ 磁带 (P)

...back\backup_file2.bak   添加 (D)...

图 3-14   进行一次差异数据备份

（2）删除 school 数据库，然后先进行一次完全数据备份，但过程和实验 10 不完全一致。在还原数据库的常规选项中的操作过程相同，但是必须设置其"恢复状态"为"不对数据库进行任何操作，不回滚未提交事务"，如图 3-15 所示。将数据库临时"挂起"，处于恢复状态，如图 3-16 所示。

还原选项

☑ 覆盖现有数据库 (O)
☐ 保留复制设置 (P)
☐ 还原每个备份之前进行提示 (R)
☐ 限制访问还原的数据库 (C)

将数据库文件还原为 (S):

原始文件名	还原为
school_Data	C:\Program Files\Microsoft SQL Server\MSSQL...
school_Log	C:\Program Files\Microsoft SQL Server\MSSQL...

恢复状态

○ 回滚未提交的事务，使数据库处于可以使用的状态。无法还原其他事务日志 (L)。(RESTORE WITH RECOVERY)

● 不对数据库执行任何操作，不回滚未提交的事务。可以还原其他事务日志 (A)。(RESTORE WITH NORECOVERY)

图 3-15   进行完全数据备份时候暂时先不还原数据库

⊞ ST_WebExam
⊞ school（正在还原...）

图 3-16   此时的 school 处于被挂起的状态

注意，此时 student 表中是没有"关羽"同学的，由于 school 数据库被挂起，任何用户现在还无法使用该数据库。随后，需要在完全数据还原的基础上，进行差异性数据库还原，如图 3-17 所示。

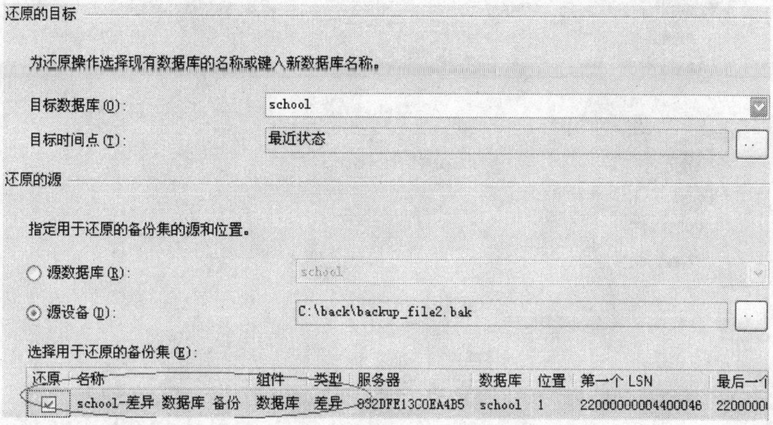

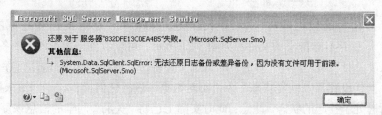

图 3-17 选择差异性数据备份文件后的还原对话框

（3）同样在"还原选项"中选择"覆盖现有数据库"复选框，并设置其"恢复状态"为"回滚未提交事务，使数据库处于可用状态"，完成差异数据还原工作。注意，如果在完全数据库恢复过程中，其"恢复状态"没有选择第 2 项，而是默认的第 1 项，那么这样操作在进行差异性数据还原的过程中将会出现下面的操作失误问题，如图 3-18 所示。成功后，查看 student 表，发现"关羽"同学已经被恢复了。

图 3-18 差异还原过程出错

实验 12：在资源管理器中利用日志文件还原数据库

日志文件的还原工作和差异数据库还原工作基本相似，但其基本原理并不相同，具体步骤如下：

（1）在实验 10 的基础之上，我们建立了完全数据备份文件，然后在 school 数据库的 student 表中插入一条学生信息（假设该学生是"关羽"），随后进行 school 数据库的事务日志备份工作，将备份文件存储在 backup_log.bak 文件中，如图 3-19 所示。

（2）再次向 student 表中插入一条学生记录（假设这次是"貂蝉"同学），如图 3-20 所示的数据。重复第一步的事务日志备份工作，此时在 backup_log.bak 文件中已经保存了两次数据插入的日志信息（一次是"关羽"，一次是"貂蝉"）。随后删除 school 数据库，准备进行数据库的日志还原工作。

（3）和差异数据库的还原工作一样，必须首先进行完全数据恢复，但在数据库恢复界面的"选项"页面中，必须设置其"恢复状态"为"不对数据库进行任何操作，不回滚未提交事务"，从而使得数据库暂时处于挂起的状态。

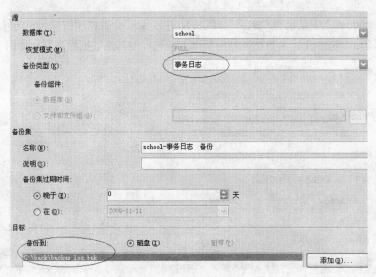

图 3-19　数据库事务日志的备份

	212	猪八戒	男	1981-3-2 0:00:00
	544	张飞	男	*NULL*
	666	关羽	男	*NULL*
▶	777	貂蝉	女	*NULL*
*	*NULL*	*NULL*	*NULL*	*NULL*

图 3-20　新插入的"关羽"和"貂蝉"同学信息

（4）在"挂起"的数据库中再次选择还原数据库，只是这次选择还原的设备文件是 backup_log.bak，即保存日志信息的文件，如图 3-21 所示。可以看到，用于还原的备份集有两条数据，分别是插入"关羽"和"貂蝉"时进行的日志文件备份。选择第一条日志信息，并在当前界面的"选项"中，同样设置其"恢复状态"为"不对数据库进行任何操作，不回滚未提交事务"，再次使得数据库暂时处于挂起的状态。注意：此时实际上已将"关羽"同学的信息恢复了，但"貂蝉"同学的信息并未恢复。

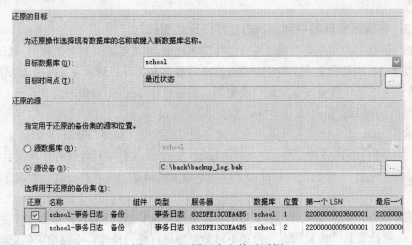

图 3-21　还原日志文件对话框

（5）再次在"挂起"的数据库中选择还原数据库，只是此次选择的日志备份文件的备份集条目为第2项，并在当前界面的"选项"中，设置其"恢复状态"为"回滚未提交事务，使数据库处于可用状态"，从而完成日志文件恢复数据库的工作。最终，查看 student 表，发现"关羽"和"貂蝉"同学的数据被恢复成功。

问题：如果在备份集中，直接恢复第2条不就可以了吗？为什么还要非常麻烦地一条一条进行日志文件还原恢复呢？

如果按照这样的逻辑，我们可以继续刚才的实验，这时会弹出如图 3-22 所示的错误对话框，还原失败，证明上面的思维方式是错误的！日志文件是有严格的时间轴顺序的，一旦违背时间轴还原，将由于找不到前面的还原信息点而产生错误。

图 3-22　不按照日志文件顺序进行还原的错误对话框

3-2-2　通过命令行进行数据库还原

在数据库的备份和还原过程中，其中最为烦琐复杂的是通过命令方式进行数据库的还原。

1. 数据库还原前准备

（1）限制数据库的访问，避开网络流量较大的时间段。即限制 db_owner、dbcreator 或 sysadmin 角色成员访问数据库。

（2）备份事务日志。为了保证数据库的一致性，进行还原之前一定要最后进行日志文件的备份工作，从而捕捉最新的事务日志备份和数据库脱机之间的数据更改。

2. 数据库还原的基本命令

数据库进行还原的基本语法结构如下：

```
RESTORE DATABASE { database_name | @database_name_var }
[ FROM < backup_device > [ ,...n ] ]
[ WITH
[ RESTRICTED_USER ]
[ [ , ] FILE = { file_number | @file_number } ]
 [ [ , ] { NORECOVERY | RECOVERY | STANDBY = undo_file_name } ]
 [ [ , ] REPLACE ]
 [ [ , ] RESTART ]
 [ [ , ] STATS [ = percentage ] ] ]
```

上述还原的基本语法结构说明如下：

（1）DATABASE：指定从备份还原整个数据库。如果指定了文件和文件组列表，则只还原那些文件和文件组。{database_name | @database_name_var}是将日志或整个数据库还原到的数据库。

如果将其作为变量（@database_name_var）提供，则可将该名称指定为字符串常量（@database_name_var = database name）或字符串数据类型（ntext 或 text 数据类型除外）的变量。

（2）RECOVERY 和 NORECOVERY 选项。

- RECOVERY：系统的默认选项。该选项用于恢复最后一个事务日志或者完全数据库恢复，可以保证数据库的一致性。当使用该选项时，系统取消事务日志中任何未提交的事务，并提交任何完成的事务。在数据库恢复进程完成之后，就可以使用数据库。如果必须使用增量备份恢复数据库，就不能使用该选项。

- NORECOVERY：当需要恢复多个备份时，应使用 NORECOVERY 选项。这时，系统既不取消事务日志中任何未提交的事务，也不提交任何已完成的事务。在数据库恢复之前，数据库是不能使用的。

（3）FROM：指定从中还原备份的备份设备。如果没有指定 FROM 子句，则不会发生备份还原，而是恢复数据库。可用省略 FROM 子句的方法尝试恢复通过 NORECOVERY 选项还原的数据库，或切换到一台备用服务器上。如果省略 FROM 子句，则必须指定 NORECOVERY、RECOVERY 或 STANDBY。

（4）FILE = { file_number | @file_number }：标识要还原的备份集。例如，file_number 为 1 表示备份媒体上的第 1 个备份集，file_number 为 2 表示第 2 个备份集。

实验 13：数据库备份与还原命令综合实验

1. 对 school 数据库进行备份的基本策略

（1）创建基本的备份设备：共 3 个：backup_file1.bak、backup_file2.bak、backup_log.bak，分别保存完全数据备份；差异数据备份；日志文件备份。但是，DBA 疏忽，将 family 数据库文件的完全数据备份和差异数据备份也保存到 backup_file1.bak 和 backup_file2.bak 中。

```
use master
go
exec sp_addumpdevice 'disk','backup_file1','c:\back\backup_file1.bak'
exec sp_addumpdevice 'disk','backup_file2','c:\back\backup_file2.bak'
exec sp_addumpdevice 'disk','backup_log','c:\back\backup_log.bak'
```

（2）对数据库 school 和 family 进行完全的数据库备份。

```
backup database family to backup_file1
backup database school to backup_file1
--向 school 数据库的 student 表中插入一条"张飞"同学的数据
insert into student(sno,sname,sex) values(666,'张飞','男')
--然后进行差异数据库的备份工作:
backup database family to backup_file2  WITH DIFFERENTIAL
backup database school to backup_file2  WITH DIFFERENTIAL
```

（3）再次插入两条数据，每次插入数据进行一次日志文件的备份工作。

```
insert into student(sno,sname,sex) values(777,'吕布','男')
backup log school to backup_log with noinit
--这里的参数指定 init 和 NO_TRUNCATE，表示追加性的和允许在数据库损坏时备份日志
insert into student(sno,sname,sex) values(888,'貂蝉','女')
backup log school to backup_log with noinit    ---重写日志文件
```

（4）在特定的备份设备上检索所有备份集的所有备份首部信息。

```
RESTORE HEADERONLY from backup_file1
RESTORE HEADERONLY from backup_file2
RESTORE HEADERONLY from backup_log
--返回由备份集内包含的原始数据库和日志文件列表
RESTORE FILELISTONLY from backup_file1
RESTORE FILELISTONLY from backup_file2
RESTORE FILELISTONLY from backup_log
```

--我们都知道，在完全和差异数据备份中，是先保存 family 数据库然后保存 school 数据库，则如果不用 file 参数指定显示哪个数据库，则默认仅仅显示第一个保存的数据库，即 family 数据库信息，如图 3-23 所示。

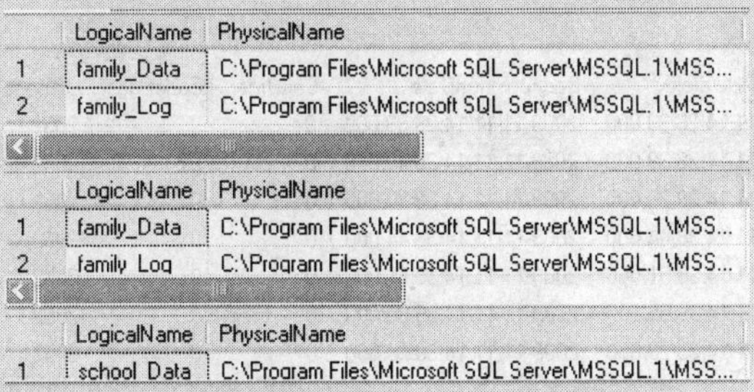

	LogicalName	PhysicalName
1	family_Data	C:\Program Files\Microsoft SQL Server\MSSQL.1\MSS...
2	family_Log	C:\Program Files\Microsoft SQL Server\MSSQL.1\MSS...

	LogicalName	PhysicalName
1	family_Data	C:\Program Files\Microsoft SQL Server\MSSQL.1\MSS...
2	family_Log	C:\Program Files\Microsoft SQL Server\MSSQL.1\MSS...

	LogicalName	PhysicalName
1	school_Data	C:\Program Files\Microsoft SQL Server\MSSQL.1\MSS...

图 3-23　查看数据库文件列表信息时仅看见 family 数据库的信息

--下面查看第 2 个备份的 school 数据库备份相关信息，学习 with file 参数的用法

```
RESTORE FILELISTONLY  from backup_file1 WITH FILE =2
RESTORE FILELISTONLY  from backup_file2 WITH FILE =2
--返回由有关给定备份设备所标识的备份媒体的信息组成的结果集
RESTORE LABELONLY  from backup_file1 with file=2
RESTORE LABELONLY  from backup_file2 with file=2
RESTORE LABELONLY  from backup_log  with file=1
```

2．开始恢复数据库

（1）完全数据备份恢复实验。

```
--首先删除数据库
drop database school
--然后再创建数据库
create database school
--从文件恢复数据库
    RESTORE DATABASE school
    FROM DISK = 'C:\back\school1'
    WITH MOVE 'school_data' TO 'C:\Program Files\Microsoft SQL Server\MSSQL.1\
MSSQL\Data\school.mdf'
    ,MOVE 'school_log' TO 'C:\Program Files\Microsoft SQL Server\MSSQL.1\MSSQL\
Data\school.ldf',replace
    --或者可以进行完全数据备份的恢复工作
RESTORE DATABASE school from backup_file1 WITH FILE =2,replace
```

（2）差异数据备份恢复实验。还是先删除数据库，然后新建数据库。

--第一步：先还原完全数据恢复，但是必须先挂起来

```
RESTORE DATABASE school from backup_file1 WITH FILE =2,noRECOVERY,replace
```

--第二步：恢复差异性数据库的备份

```
RESTORE DATABASE school from backup_file2 WITH FILE =2,RECOVERY,replace
```

--至此，"张飞"同学被恢复。注意 NORECOVERY 与 RECOVERY 的差别。

（3）以日志文件形式还原数据库。还是先删除数据库，然后新建数据库。

--第一步：先还原完全数据恢复，但是必须先挂起来

```
RESTORE DATABASE school from backup_file1 WITH FILE =2,noRECOVERY,replace
```

--第二步：首先查看一下日志文件的备份具体时间信息，如图 3-24 所示

```
RESTORE HEADERONLY from backup_log
```

	BackupStartDate	BackupFinishDate	SortOrder	CodePage	UnicodeLocaleId	Unicode
1	2009-11-11 14:26:33.000	2009-11-11 14:26:33.000	0	0	2052	196609
2	2009-11-11 14:26:39.000	2009-11-11 14:26:40.000	0	0	2052	196609
3	2009-11-11 14:38:30.000	2009-11-11 14:38:30.000	0	0	2052	196609
4	2009-11-11 14:38:44.000	2009-11-11 14:38:44.000	0	0	2052	196609
5	2009-11-11 14:38:51.000	2009-11-11 14:38:51.000	0	0	2052	196609
6	2009-11-11 14:39:05.000	2009-11-11 14:39:05.000	0	0	2052	196609
7	2009-11-11 14:39:20.000	2009-11-11 14:39:20.000	0	0	2052	196609

图 3-24   注意观察日志文件的具体备份开始/终止时间

--第三步：根据具体的最后备份时间，进行日志文件的还原工作

```
RESTORE LOG school FROM backup_log
WITH noRECOVERY, STOPAT =' 2009/11/11 14:39:00'
```

--要特别注意的就是 NORECOVERY 与 recovery 的时间问题

```
use school
select * from student
Use master
```

3-3   数据库备份与恢复技术实训

实训目标

- 通过 SQL Server 数据库备份实验，掌握和深入理解 3 种基本恢复模型的创建过程，学习并掌握备份设备存储备份的过程。
- 通过 SQL Server 备份方法实验，学习并熟练掌握完全、差异和日志文件的数据备份方法。
- 通过 SQL Server 文件和文件组备份实验，学习并熟练掌握文件和文件组备份的备份过程。
- 通过 SQL Server 数据还原实验，学习并熟练掌握完全、差异和日志文件的数据备份恢复数据的方法，掌握文件和文件组备份的备份恢复数据的方法。

3-3-1 SQL Server 数据库备份实训

1. 实训任务：创建 SQL 数据库恢复模型

本次实验的主要目的是熟悉数据库的 3 种基本恢复模型的创建过程，即完全恢复模型、大容量日志记录恢复模型和简单恢复模型。

```
alter database d1 set recovery simple --设置数据库恢复模型
alter database d1 set recovery bulk_logged  --设置大容量日志记录恢复模型
alter database d1 set recovery full  --设置简单恢复模型
```

2. 实训任务：SQL Server 备份设备

SQL Server 备份设备包括物理设备和逻辑设备，本次实验的主要目的是创建物理设备（包括本地磁盘、磁带机备份和网络永久磁盘备份），创建逻辑设备（包括永久备份文件和临时备份文件）备份工作。

```
exec sp_addumpdevice 'disk','bak2','c:\back_device\bak2.bak'
--创建永久磁盘备份设备
exec sp_addumpdevice 'disk','bak3','c:\back_device\bak3.bak'
exec sp_addumpdevice 'disk','bak4','\\192.168.10.1\backup\bak4.bak'
--创建网络永久磁盘备份设备，需要注意 192.168.10.1 是本次实验机房的一台计算机的 IP 地址，
该地址的计算机需要共享 backup 文件夹用于网络文件的创建。
exec sp_addumpdevice 'disk','bak5','\\192.168.10.1\backup\bak5.bak'
exec sp_dropdevice 'bak5'
--删除备份设备
backup database d3 to bak3
--将数据库备份到备份设备
backup database d4 to bak4
restore headeronly from bak2 --查看备份设备中的内容
backup database d3 to disk='c:\back_file\d3.bak'
--将数据库备份到临时备份文件
backup database d4 to disk='c:\back_file\d4.bak'
restore database d3 from bak3
--从备份设备还原数据库
restore database d4 from disk='c:\back_file\d4.bak'
--从备份文件还原数据库
```

3. 实训任务：使用多个备份文件存储备份

SQL Server 可同时向多个备份文件进行写操作，如果把这些文件放到多个磁带机或磁盘中，可提高备份速度。这多个备份文件必须用同类型的媒体，并放到一个媒体集中。另一方面，媒体集中的文件必须同时使用，不能单独使用。当然可以通过 **format** 命令将媒体集重新划分，但原备份集中的数据将不能再使用。

```
backup database d4 to bak4,bak5,bak6 with medianame='bak456',format
--备份 D4 并形成 Media Set
backup database d3 to bak4
--失败，因为 Media set 中的文件必须同时使用
backup database d3 to bak4,bak5,bak6
```

```
--成功，将 D3 也备份到 Media Set 中
restore headeronly from bak4,bak5,bak6
--查看 Media Set 中的备份内容
backup database d4 to bak4 with medianame='bak4',format
--重新划分 Media Set
backup database d3 to bak5,bak6 with medianame='bak56',format
backup database d1 to bak1 with init
--with init 重写备份设备中的内容
backup database d2 to bak1 with noinit
--with noinit 将内容追加到备份设备中
restore headeronly from bak1
```

3-3-2 SQL Server 备份方法实训

SQL Server 的备份方法包括完全备份、差异数据备份和日志文件备份。完全备份是备份的基准，在做备份时第一次备份都建议使用完全备份。完全备份会备份数据库的所有数据文件、数据对象和数据。同时，完全数据备份会备份事务日志中任何未提交的事务，因为已提交的事务已经写入数据文件中。

差异数据备份必须基于完全备份，备份自最近一次完全备份以来的所有数据库改变。恢复时，只应用最近一次完全备份和最新的差异备份。

事务日志备份也必须基于完全备份，为递增备份，即备份从上一次备份以来到备份时所写的事务日志。事务日志备份允许恢复到故障时刻或者一个强制时间点，恢复时需要应用完全备份和完全备份后的每次日志备份。

如果日志空间被填满，数据库将不能记录修改。因此，本次实训还需要完成清空日志文件的工作。需要注意的是，如果将'Trans log on checkpoint'选项设为 TRUE，则结果为不保存日志，即没有日志记录，不建议使用。通过设置参数 with truncate_only 和 with no_log 可以使得日志空间满时清除日志，参数 with no_truncate 可以完整保存日志，不清除，即使在数据文件已经损坏的情况下。参数 with no_truncate 还用于数据库出问题后在恢复前使用，可以将数据还原到出故障的那一时刻。

```
--实验 1：首先开始进行完全数据备份
backup database d1 to bak1 with init
backup database d1 to bak1 with noinit
--注意，参数 init 和 noinit 的差异性
--实验 2：下面开始进行差异备份，第一次备份时应做完全备份
backup database d2 to bak2 with init,name='d2_full'
--建立表 b1
create table b1(c1 int not null,c2 char(10) not null)
--每次插入更新的数据后，都进行差异数据备份
backup database d2 to bak2 with differential,name='d2_diff1'
insert b1 values(1,'a')
backup database d2 to bak2 with differential,name='d2_diff2'
insert b1 values(2,'b')
backup database d2 to bak2 with differential,name='d2_diff3'
insert b1 values(3,'c')
```

```
backup database d2 to bak2 with differential,name='d2_diff4'
restore headeronly from bak2
```
--实验 3：下面开始进行日志备份，第一次备份时应做完全备份
```
backup database d3 to bak3 with init,name='d3_full'
create table b1(c1 int not null,c2 char(10) not null)
```
--每次插入更新的数据后，都进行日志文件备份
```
backup log d3 to bak3 with name='d3_log1'
insert b1 values(1,'a')
backup log d3 to bak3 with name='d3_log2'
insert b1 values(2,'b')
backup log d3 to bak3 with name='d3_log3'
insert b1 values(3,'c')
backup log d3 to bak3 with name='d3_log4'
restore headeronly from bak3
```
--实验 4：下面的实验包括完全数据备份、差异数据备份和日志文件备份
```
create table b1(c1 int not null,c2 char(10) not null)
backup log d4 to bak4 with name='d4_log1'
insert b1 values(1,'a')
backup log d4 to bak4 with name='d4_log2'
insert b1 values(2,'b')
backup database d4 to bak4 with differential,name='d4_diff1'
insert b1 values(3,'c')
backup log d4 to bak4 with name='d4_log3'
insert b1 values(4,'d')
backup log d4 to bak4 with name='d4_log4'
insert b1 values(5,'d')
backup database d4 to bak4 with differential,name='d4_diff2'
restore headeronly from bak4
```
--实验 5：下面的实验为日志清除实验
```
backup log d4 with truncate_only
```
--设置 D4 日志满时清除日志，并做清除记录
```
backup log d4 with no_log
```
--设置 D4 日志满时清除日志，但不做清除记录
```
backup log d4 to bak4 with no_truncate
```
--在 D4 数据库损坏时马上备份当前数据库日志(DEMO)

问题：请在机房完成下面的实验

第一步：完全备份数据库+修改第 1 次数据；第二步：差异备份数据库+修改第 2 次数据；第三步：日志文件备份数据库+修改第 3 次数据；第四步：停止 SQL,删除数据库数据文件+重启 SQL；请再还原数据库，可否还原到修改第 3 次的数据呢？

3-3-3　SQL Server 文件和文件组备份实训

文件和文件组备份主要用于超大型数据库的备份，其目的是只备份选定的文件或者文件组，但必须同时作日志备份。在还原时用文件/文件组备份和日志备份进行还原，其特点是备份量少，恢

复速度快。

```
create database d5
on primary
(name=d5_data1,
filename='c:\data\d5\d5_data1.mdf',
size=2MB),
filegroup FG2 --创建数据库时创建 filegroup FG2
(name=d5_data2,
filename='c:\data\d5\d5_data2.ndf', --并将文件 d5_data2 放到 FG2 中
size=2Mb)
log on
(name=d5_log1,
filename='e:\data\d5\d5_log1.ldf',
size=2Mb)
--下面开始调用刚刚创建的数据库 d5，学习修改数据库
use d5
go
alter database d5
add file
(name=d5_data3,
filename='c:\data\d5\d5_data5.ndf',
size=2MB)
to filegroup FG2 --将 d5_data3 加到文件组 FG2 中
alter database d5 add filegroup FG3 --增加文件组 FG3
alter database d5 --将 d5_data4 加到文件组 FG2 中
add file
(name=d5_data4,
filename='c:\data\d5\d5_data4.ndf',
size=2MB)
to filegroup FG3
--查询数据库 d5
Exec sp_helpdb d5
create table t1(c1 int not null,c2 char(10) not null) on [primary]
--将不同表放到不同 filegroup 中
create table t2(c1 int not null,c2 char(10) not null) on FG2
create table t3(c1 int not null,c2 char(10) not null) on FG3
backup database d5 to bak5 with init,name='d5_full'
--文件组备份
backup database d5 filegroup='primary' to bak5 with name='d5_primary'
backup log d5 to bak5 with name='d5_log1'
backup database d5 filegroup='FG2' to bak5 with name='d5_FG2'
backup log d5 to bak5 with name='d5_log2'
backup database d5 filegroup='FG3' to bak5 with name='d5_FG3'
backup log d5 to bak5 with name='d5_log3'
--注意：下面开始进行文件备份
backup database d5 to bak6 with init,name='d5_full'
```

```
backup database d5 file='d5_data1' to bak6 with name='d5_data1'
backup log d5 to bak6 with name='d5_log1'
backup database d5 file='d5_data2' to bak6 with name='d5_data2'
backup log d5 to bak6 with name='d5_log2'
backup database d5 file='d5_data3' to bak6 with name='d5_data3'
backup log d5 to bak6 with name='d5_log3'
backup database d5 file='d5_data4' to bak6 with name='d5_data4'
backup log d5 to bak6 with name='d5_log4'
restore headeronly from bak6
```

3-3-4　SQL Server 数据还原实训

通过一系列的备份，其目的是一旦发生意外的时候，可以迅速恢复数据库。因此，数据库的备份与还原中，还原是目的。下面的实验继续上述的备份实验。

```
--实验 1：验证备份设备
restore headeronly from bak3
restore filelistonly from bak3 with file=1
restore labelonly from bak3
restore verifyonly from bak3
--实验 2：从备份中还原
restore headeronly from bak1
--实验 3：从完全备份中恢复
restore database d1 from bak1 with file=2
--实验 4：从差异备份中恢复
restore headeronly from bak2
restore database d2 from bak2 with file=1,norecovery
restore database d2 from bak2 with file=5,recovery
--实验 5：从日志备份中恢复
restore headeronly from bak3
restore database d3 from bak3 with file=1,norecovery
restore log d3 from bak3 with file=2,norecovery
restore log d3 from bak3 with file=3,norecovery
restore log d3 from bak3 with file=4,norecovery
restore log d3 from bak3 with file=5,recovery
--实验 6：恢复到指定时间
restore database d3 from bak3 with file=1,norecovery
restore log d3 from bak3 with file=2,norecovery
restore log d3 from bak3 with file=3,norecovery
restore log d3 from bak3 with file=4,recovery,stopat='2003-08-15 11:29:00.000'
--实验 7：还原文件组备份
restore database d5 filegroup='FG2' from bak5 with file=4,norecovery
restore log d5 from bak5 with file=5,norecovery
restore log d5 from bak5 with file=7,recovery
--实验 8：还原文件备份
restore headeronly from bak6
```

```
restore database d5 file='d5_data3' from bak6 with file=6,norecovery
restore log d5 from bak6 with file=7,norecovery
restore log d5 from bak6 with file=9,recovery
```
--实验 9：删除现有数据库，从备份中重建数据库
```
restore database d5 from bak6 with replace
create database d6
--move to 将数据库文件移动到新位置
on primary
(name=d6_data,
filename='E:\Program Files\Microsoft SQL Server\MSSQL\data\d6_Data.MDF',
size=2MB)
log on
(name=d6_log,
filename='E:\Program Files\Microsoft SQL Server\MSSQL\data\d6_log.ldf',
size=2MB)
go
backup database d6 to bak6 with init
drop database d6
restore database d6 from bak6
with move 'd6_data' to 'e:\data\d6\d6_data.mdf',
move 'd6_log' to 'e:\data\d6\d6_log.ldf'
--查看数据库信息
Exec sp_helpdb d6
```

本章考纲

- 了解数据库备份的基本概念以及备份的基本类别。
- 掌握如何分别以可视化及命令行方式建立和删除数据库磁盘备份设备，重点考核命令行方式建立和删除数据库磁盘备份设备。
- 掌握在可视化状态下进行完全数据备份、差异数据备份、日志数据备份的方法，重点掌握通过命令行进行完全数据备份、差异数据备份、日志数据备份的方法。
- 理解完全数据备份、差异数据备份、日志数据备份的区别和联系。
- 掌握在可视化状态下进行完全数据备份、差异数据备份、日志数据恢复数据的方法，重点掌握通过命令行进行完全数据备份、差异数据备份、日志数据恢复数据的方法。
- 熟练掌握备份与恢复的案例及案例所示的命令行过程。

课后练习

一、填空题

1. 建立备份设备可以通过执行系统存储过程_____建立一个磁盘备份设备。
2. 创建备份的目的是_____。

3．当 SQL Server 希望把备份追加到现有的备份文件中时，应当使用的参数是＿＿＿＿。

4．在还原差异备份之前，必须先具备的备份是＿＿＿＿。

5．当数据库文件发生信息更改时，其基本的操作记录将通过＿＿＿＿文件进行记录，对于这一部分操作信息进行的备份就是＿＿＿＿。

6．当无须备份日志文件，即删除不活动的日志部分，并且截断日志时，应当使用的参数是＿＿＿＿或者＿＿＿＿。

7．数据库的还原是指从一个或多个备份中还原数据，并在还原＿＿＿＿后恢复数据库。

二、简答题

1．简述备份设备的概念。

2．完全数据备份、差异数据备份、日志数据备份的定义是什么？彼此之间的区别和联系是什么？

3．在进行磁盘备份时，INIT 和 NOINIT 选项参数的含义是什么？

4．在还原数据库时，参数 RECOVERY 和 NORECOVERY 的含义是什么？分别应当在什么情况下使用？

第4章 数据库转换与复制技术

本章内容

- 数据的导入与导出
- SQL Server Integration Services 介绍及数据转换操作
- SQL Server 2005 复制技术

4-1 数据的导入与导出

学习目标

- 掌握数据库表中数据的导出技术,包括将 SQL Server 数据导出为文本文件,导出到本机内其他数据库中,导出到 Access 数据库中。
- 掌握将异构数据导入到 SQL Server 数据库,包括将文本文件数据、Access 数据导入到 SQL Server 数据库。

通过导入和导出操作可以在 SQL Server 2005 和其他类数据源(例如 Excel 或 Oracle 数据库)之间轻松转换数据。例如,可以将数据从 Excel 应用程序导出到数据库,然后将数据大容量导入到 SQL Server 表。"数据库的导出"是指将数据从 SQL Server 表复制到数据文件。"数据库的导入"是指将数据文件加载到 SQL Server 表。

4-1-1 数据库表数据导出

在 SQL Server 2005 中,可以在资源管理器中将 SQL Server 数据库中的数据表数据导出为其他异构类型数据库的数据文件,如导出成为.txt,.xls,.mdb 文件,或者导出数据为 Oracle、DB2 数据库管理系统中的数据信息。通过案例来说明将 SQL Server 数据库中的数据导出的过程。

实验 1: 将 SQL Server 数据导出为文本文件

(1)右击"对象资源管理器"中的 school 数据库对象。在弹出的快捷菜单中选择"任务"→"导出数据"选项,如图 4-1 所示。

(2)在"SQL Server 导入和导出"对话框中选择导出数据的数据源。在本例中,选择数据源为 SQL Native Client（表示本机数据），选择导出数据的数据库为 school，如图 4-2 所示，然后单击"下一步"按钮。

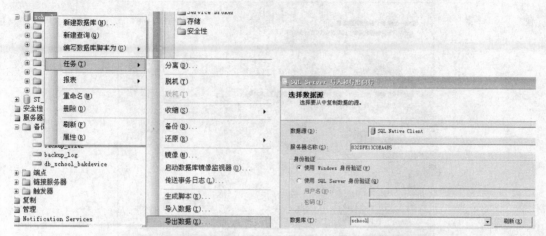

图 4-1　数据库导出菜单　　　　　　　　　　图 4-2　"选择数据源"对话框

（3）在"导入和导出向导"对话框中选择导出数据的目标，即导出数据复制到何处。如果选择 SQL Native Client 选项，则将本机的 SQL Server 数据库数据导出到其他计算机的 SQL Server 服务器中；如果选择 Microsoft Excel 选项，则将 SQL Server 数据库数据导出到 Excel 文件中；如果选择 Microsoft Access 选项，则将 SQL Server 数据库数据导出到 Access 数据库中等。在本例中，选择目标为"平面文件目标"，并指定该文件的路径名为 C:\back\school.txt，如图 4-3 所示，单击"下一步"按钮。

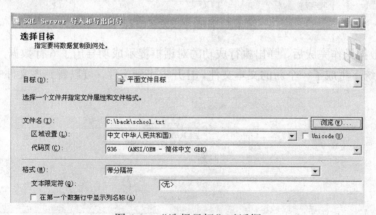

图 4-3　"选择目标"对话框

（4）在"导入和导出向导"对话框中选择从表中复制数据或者从查询中复制数据。在本例中，选择"复制一个或多个表或视图的数据"单选项，如图 4-4 所示，单击"下一步"按钮。

（5）在"导入和导出向导"对话框中选择复制数据的源表或源视图。在本例中，在下拉列表中选择表 student，如图 4-5 所示，单击"下一步"按钮。

（6）在"导入和导出向导"对话框中，选择"立即执行"复选框，然后单击"下一步"按钮。完成导出数据的向导设置后，在"导入和导出向导"对话框中，单击"完成"按钮，如图 4-6 所示。

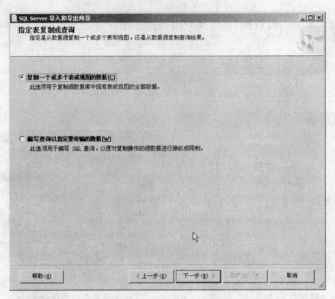

图 4-4   选择导出方式

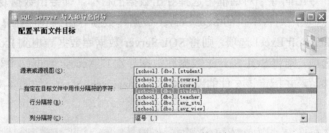

图 4-5   配置平面文件目标

（7）导出数据操作完成后，弹出执行成功的对话框提示成功导出了 6 行数据，如图 4-7 所示。此时，在操作系统下生成了一个新的文本文件。打开导出到文件，可以看到该文件中记录了导出的数据。

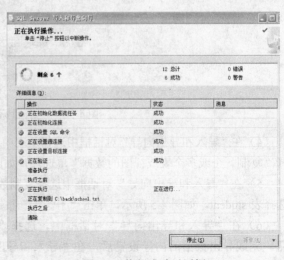

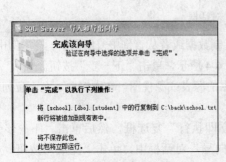

图 4-6   完成向导对话框   图 4-7   执行成功对话框

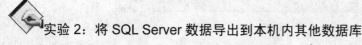

实验 2：将 SQL Server 数据导出到本机内其他数据库

　　本实验将把 SQL Server 中的 school 数据库中的 student 表数据导出到 master 数据库中，从而实现 SQL Server 内数据的转移。注意：本实验最大的用处是实现在局域网络环境下数据库的导入及导出工作。

　　（1）在"选择目标"对话框中选择"目标"为 SQL Native Client，数据库选择 master，如图 4-8 所示。在此对话框中，服务器名可以改为局域网络环境下其他的 SQL Server 数据库服务器，这样可以直接实现在网络环境下的数据导出实验。

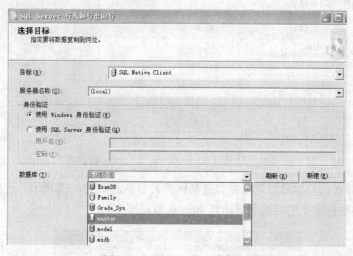

图 4-8　"选择目标"对话框

　　（2）选择源表为 student 表，如图 4-9 所示。单击"下一步"按钮，完成后就可以将 student 表导出到 master 数据库中。

图 4-9　选择源表为 student 表

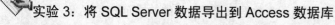

实验 3：将 SQL Server 数据导出到 Access 数据库

　　本实验将把 SQL Server 中的 school 数据库内的全部数据表导出到 Access 数据库内，具体步骤如下。

　　（1）在本机内新建一个 Access 数据库文件，命名为 school.mdb，即该文件内数据信息为空。在"选择目标"对话框中选择"目标"为 SQL Native Client，确定数据源指定的本机 SQL Server 数据库为 school 数据库。在下一步"选择目标"对话框中选择"目标"为 Microsoft Access 数据库，如图 4-10 所示。

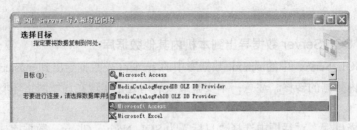

图 4-10   选择目标为 Microsoft Access 数据库

（2）单击"浏览"按钮，选择具体磁盘中的 Access 数据库文件，此处选择 school.mdb 文件作为导出数据表，如图 4-11 所示。

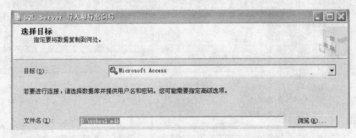

图 4-11   选择目标为 Microsoft Access 数据库

（3）选择将导出的具体数据表，并勾选具体的表信息，如图 4-12 所示。连续单击"下一步"按钮就可以将具体数据库中的数据表导出到 Access 数据库中。

图 4-12   选择将导出的具体数据表

依照此类导出数据的方法，可以成功地将 MS SQL Server 数据库转化成为任何类型的数据库（如 Oracle、DB2、XML 格式数据等数据库类型）。但在转换过程中，也可以很明显看到的逻辑结构差异是：主码标志丢失、数据类型改变（如 int 类型改为长整数类型、varchr 类型改变为备注类型等）等，如图 4-13 所示。因此，数据的导出仅仅是将具体的数据内容进行了导出，而关系型数据库的全局逻辑结构并不会随之被导出，这是因为数据库管理软件的差异而产生的。

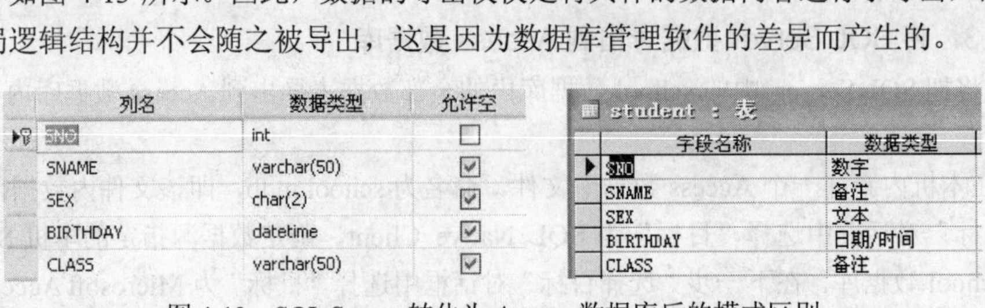

列名	数据类型	允许空
SNO	int	☐
SNAME	varchar(50)	☑
SEX	char(2)	☑
BIRTHDAY	datetime	☑
CLASS	varchar(50)	☑

student ：表	
字段名称	数据类型
SNO	数字
SNAME	备注
SEX	文本
BIRTHDAY	日期/时间
CLASS	备注

图 4-13   SQL Server 转化为 Access 数据库后的模式区别

4-1-2　将异构数据导入到 SQL Server 数据库

所谓的异构数据就是指非 SQL Server 数据库产生的数据，包括其他数据库管理系统所产生的数据都可以被导入到 SQL Server 数据库中。下面我们通过实验具体说明如何将异构数据导入到 SQL Server 数据库中。

实验 4：将文本文件数据导入到 SQL Server 数据库

在 SQL Server 2005 中，也可以在资源管理平台中将异构类型数据导入到 SQL Server 数据库中。为了演示数据的导入操作，在本例中，将 4-1-1 中实验 1 导出的文本文件（该文本文件记录的是 school 数据库中的 student 表）中的数据，重新导入到 SQL Server 2005 的 school 数据库中的 student 表中，为了实验顺利，需首先清除 student 表的数据。

打开资源管理平台，右击"对象资源管理器"中的 school 数据库对象。在弹出的快捷菜单中选择"任务"->"导入数据"选项，如图 4-14 所示。

图 4-14　数据库导入菜单

在"SQL Server 导入和导出向导"窗口中，选择导入数据的数据源。在本例中，选择"数据源"为"平面文件源"，指定导入数据的文本文件名，如图 4-15 所示，单击"下一步"按钮。

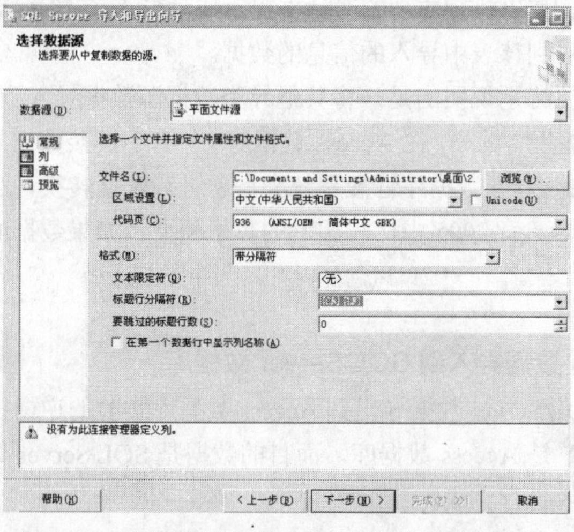

图 4-15　数据库导入和导出向导选择数据源窗口

在"SQL Server 导入和导出向导"窗口中，可以看到要导入的数据的列表，如图 4-16 所示。单击"下一步"按钮，进入选择进入的目标数据，这里默认是 SQL Server 2005 中的 school 数据库，继续单击"下一步"按钮。

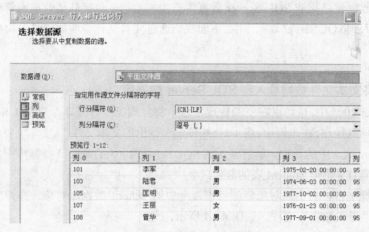

图 4-16　即将导入的数据列表

此时将进入选择源表和源视图界面，如图 4-17 所示。此时，如果希望更新即将导入的数据类型，可以单击"编辑映射"按钮，对具体的文本文件中的列数据类型与目标数据的映射关系进行最后的编辑工作。

图 4-17　选择源表和源视图窗口

导入数据操作完成后，弹出执行成功的对话框提示成功导入了 12 行数据。打开 school 数据库查看导入数据的表，可以看到该表中导入的信息的数据。

在进行数据导入时需要特别说明的是，将其他异类数据源数据导入到 SQL Server 2005 中，有可能会出现数据不兼容的情况。例如，在 Access 数据库中，有超链接数据类型，而 SQL Server 2005 中没有。此时，SQL Server 2005 数据库管理系统会自动进行数据转换，自动将不识别的数据类型进行转换，转换为在 SQL Server 2005 中比较相近的数据类型。如果数据取值不能识别，则赋以空值 NULL。

实验 5：将 Access 数据导入到 SQL Server 数据库

本实验的实质是将 SQL Server 数据导出到 Access 数据库实验的逆向操作实验，唯一的区别是，选择的目标数据（源数据）是 Access 数据库，而目的数据是 SQL Server 数据库，其他步骤都完全相同，此处不多述，请读者自行完成。

4-2　SQL Server Integration Services 介绍

- 了解 SSIS 的基本概念和体系结构。
- 掌握使用 SSIS 进行数据转换，包括通过操作系统的 ODBC 将 Access 数据库中的数据导入到 SQL Server，使用迭代方法将文本数据导入到 SQL Server 2005。

SQL Server Integration Services（SSIS）也被称为 SQL Server 集成服务，该集成服务是 SQL Server 2005 中面向高性能数据集成的功能组成，它有一个配套的数据流机制和控制流机制，并且可以为数据分析服务提供必要的 ETL 支持。集成服务类似以往的 DTS（SQL Server 2000 中的数据转换服务），采用包（Package）方式来执行一个个具有数据流支持的数据任务。除此之外，集成服务还有很完善的图形化管理工具和丰富的应用程序编程接口（API），并可以实现简单的数据导入导出所必需的向导插件、工具及任务，也有非常复杂的数据清理功能。

现在的 SSIS 已经演变成一套框架，该框架提供了数据相关的控制流、数据转换、日志、变量、事务管理、连接管理等基础设施。微软提供了基于 VS.NET 的可视化设计器，将这些基础设施方便地组合起来，就可以完成数据转换、集成的任务。

4-2-1　SSIS 的体系结构

1. 任务流和数据流引擎

数据流也称为流水线，主要解决数据转换的问题。数据流由一组预定义的转换操作组成。数据流的起点通常是数据源（源表）；数据流的终点通常是数据的目的地（目标表）。可以将数据流的执行认为是一个流水线的过程，在该过程中，每一行数据都是装配线中需要处理的零件，而每一个转换都是装配线中的处理单元。

任务流引擎为数据流引擎提供运行时资源和操作支持。任务流和数据流的这一组合使得 SSIS 可以有效应用于传统 ETL（Extraction-Transformation-Loading，数据抽取、转换和加载）或数据仓库（DW）场景中，也可有效应用于很多其他扩展场景中，如数据中心操作。

2. 管线结构

SSIS 的核心是数据转换管线。此管线具有面向缓冲区的结构，一旦数据行集加载到内存中后，数据行集操作将非常快。采用此方法将在单个操作中执行 ETL 过程的全部数据转换步骤，而不会对数据进行暂存，不过具体的转换或操作要求或者硬件可能对此形成障碍。不过，为了最大化性能，该结构将避免进行暂存，甚至也尽可能避免在内存中进行数据复制。这与传统 ETL 工具刚好相反，传统的工具通常几乎需要在仓库操作和集成过程的每个步骤进行暂存。无需进行暂存即可操作数据的功能实现了扩展，突破了传统的关系数据和纯文本文件数据以及传统 ETL 转换功能的限制。使用 SSIS，所有类型的数据（结构化的、非结构化的、XML 等）均在加载到其缓冲区前转换为表（列和行）结构。任何可应用到表数据的数据操作均可在数据流管线的任何步骤应用到数据。这意味着单个数据流管线可以集成各种数据源的数据，可以对这些数据进行任意复杂操作，均不需对数据进行暂存。

还应该注意，如果由于业务或操作原因需要进行暂存，SSIS 也提供对这些实现的良好支持。此结构允许将 SSIS 在各种数据集成场景中使用，包括从传统的面向数据挖掘的 ETL 到非传统的信息集成技术等。

3. 流程转换

SSIS 把业务流程和数据转换流程分成两个部分来处理，这样对处理复杂问题会有很大帮助。在一个 SSIS 工程下，可以有若干个包（Package），每个包为一个独立的处理事件（如图 4-18 所示），包（package）是 SSIS 项目中基本的部署和执行单元，也是一个有组织的集合，其中包括连接、控制流元素、数据流元素、事件处理程序、变量和配置等。

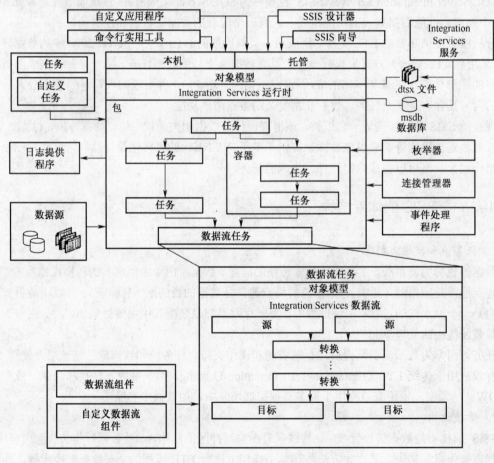

图 4-18　SSIS 的体系结构

SSIS 任务执行的所有工作都发生在包的上下文中，也就是说它是 SSIS 流的容器。每个包下有一个控制流，整个包的业务流程都在这个控制流里体现。每个控制流里可以有多个数据流，用来描述具体的数据操作。

4-2-2 使用 SSIS 进行数据转换

使用 SSIS 进行数据转换是 SSIS 比较简单的操作，可以通过启动 Business Intelligence Development Studio（如图 4-19 所示），然后创建一个 Integration Services 项目来调用 SSIS 设计器（如图 4-20 所示），在展开的设计界面左边有一个工具箱窗口，该工具箱窗口包含预定义的控制流项和维护计划中的任务，如图 4-21 所示。

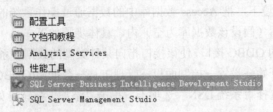

图 4-19 启动 Business Intelligence Development Studio

图 4-20 创建新的 Integration Services 项目

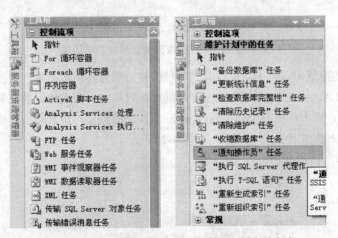

图 4-21 工具箱中的控制流项和维护计划中的任务

中间的视图窗格包含 4 个视图：控制流、数据流、事件处理程序和包资源管理器，如图 4-22 所示。控制流视图提供了一个设计环境，在这个设计环境中可以使用工具箱中与控制流相关的项来构建控制流。数据流视图也提供了一个设计环境，在这个设计环境中可以使用工具箱中与数据流相关的项来构建数据流。在事件处理程序视图中，可以定义由特定的执行事件触发的后续响应操作。包资源管理器视图提供了流的树型视图。

图 4-22   视图窗格包含 4 个设计视图

实验 6：通过操作系统的 ODBC 将 Access 数据库中的数据导入到 SQL Server

本实验将在 SSIS 环境下，把 Access 数据库中的数据通过操作系统的 ODBC 接口导入到 SQL Server 中的 school 数据库（假设该数据库为空）内，具体步骤如下：

（1）配置操作系统的 ODBC 接口，使该接口指向某种类型的数据库系统，这里假设指向 Access 数据库。设置流程为：开始→设置→控制面板→管理工具→数据源(ODBC)，在打开的"ODBC 数据源管理器"对话框中选择"系统 DSN"选项卡，单击"添加"按钮，如图 4-23 所示。

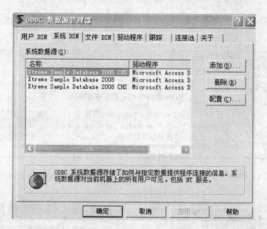

图 4-23   "ODBC 数据源管理器"对话框

（2）在展开的配置对话框中，可以看到各种微软公司为各个数据库厂商提供的数据库接口，这里选择 Microsoft Access Driver，为 Access 数据库配置接口。分别填写数据源逻辑名和说明后，单击"选择"按钮，将本机磁盘中的 school.mdb 文件选择进来，最后单击"确定"按钮该接口就与磁盘中的 school.mdb 文件连接起来了，如图 4-24 所示。

图 4-24   ODBC 数据源配置 Access 数据库的对话框

（3）回到 SSIS 管理平台，在右侧"解决方案资源管理器"中右击数据源，并新建一个数据源，如图 4-25 所示。

（4）在展开的数据源向导对话框中单击"下一步"按钮，并选择新建一个新的数据源，在弹出的"连接管理器"对话框中，在"提供程序"下拉列表框中选择.NET 提供程序中的 odbc data provider。然后在指定的数据源中选择系统数据源名称是 school。最后，单击该对话框中的"测试连接"按钮，等待弹出"测试成功"字样后，单击"确定"按钮完成新建数据源的工作，如图 4-26 所示。最后，回到数据源对话框，单击"下一步"按钮，完成当前数据源向导的配置工作。

图 4-25　在 SSIS 管理平台下新建数据源　　　图 4-26　配置 ODBC 数据接口为数据源对象

（5）在 SQL Server 2005 中新建目标数据库 school1，并在该数据库中建立基本表 student，该表的基本结构，如图 4-27 所示。

（6）回到 SSIS 管理平台，在右侧"解决方案资源管理器"中右击数据源，再新建一个数据源指向 SQL Server 2005 中新建的数据库 school1。在数据源向导的配置连接管理器对话框中配置新的 SQL Server 2005 数据源，配置的基本参数如图 4-28 所示，最后单击"测试连接"按钮，直到显示"测试成功连接"为止。请注意，目前为止 school 数据源代表着 ODBC 数据源，而 school1 代表着 SQL Server 2005 数据源。

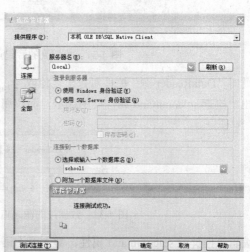

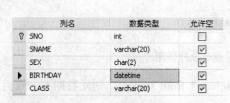

图 4-27　school1 数据库中的 student 表　　　图 4-28　配置 SQL Server 2005 中的 school1 数据库对话框

（7）在 SSIS 管理平台的下部有连接管理器部分，右击该部分，在弹出的快捷菜单中选择"从数据源新建连接"选项，并在弹出的选择数据源对话框中选择数据源 school；同样方法，再建立数据源 school1。此时会在连接管理器部分出现两个数据源 school 和 school1，如图 4-29 所示。

（8）从 SSIS 管理平台左侧的工具箱的"数据流源"处拖拽"DataReader 源"到数据流对话框中，该控件意味着数据流转换的起始源头，再从工具箱的"数据流目标"处拖拽"OLE DB 目标"到数据流界面中，该控件意味着数据流转换的目标终点，如图 4-30 所示。

图 4-29   配置好的连接管理器中的数据源界面   图 4-30   数据流的源起点和目标重点对象控件

（9）在 SSIS 管理平台的数据流界面中右击"DataReader 源"控件对象，并在弹出的快捷菜单中选择"编辑"命令。在弹的出配置对话框中选择连接管理器为 School，如图 4-31 所示。

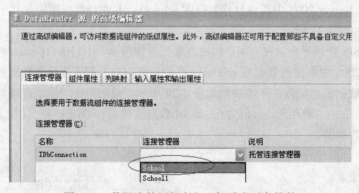

图 4-31   数据流的源起点和目标重点对象控件

此时"DataReader 源"控件对象出现惊叹号，表现为该组件的元数据不一致问题。双击该控件将弹出"检查 sqlcommand 属性"的提示，而该属性为 SQL 脚本命令，如图 4-32 所示。

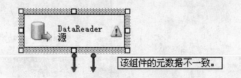

图 4-32   数据流的源起点和目标重点对象控件图

编辑该控件的 sqlcommand 属性，键入查询语句命令 select * from student，则元数据不一致问题解决，如图 4-33 所示。

图 4-33　配置 sqlcommand 属性

配置结束后，将"DataReader 源"控件对象中的绿色线段拖至"OLE DB 目标"对象，建立起两个控件彼此之间的关联，如图 4-34 所示。

若要创建连接，请将数据流组件的可用输出拖到另一个数据流组件的输入上。

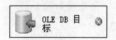

图 4-34　建立数据源和目标数据之间的关联

（10）在 SSIS 管理平台同样配置"OLE DB 目标"，在弹出的 OLE DB 目标编辑器中选择 OLE DB 目标管理器为 School1，数据库访问模式为"SQL 命令"，并键入查询语句命令 select * from student，如图 4-35 所示。

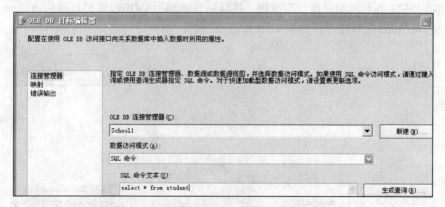

图 4-35　配置"OLE DB 目标"控件的参数

再选择 OLE DB 目标编辑器中的映射选项，此时系统自动建立起源数据和目标数据表之间的关联，如图 4-36 所示，单击"确定"按钮后，配置工作完毕。

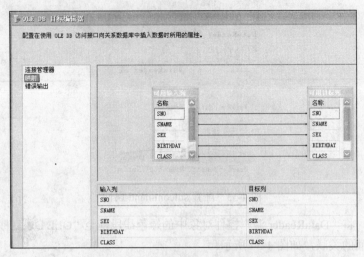

图 4-36   系统自动建立起源数据和目标数据表之间的关联

（11）此时目标数据库依然有错误提示，如图 4-37 所示。该错误主要是由于源数据和目标数据表的数据格式不一致造成的，解决方法是修改 school1 数据库的 student 表的数据类型，从而与 Access 数据库相对应一致，如图 4-38 所示。

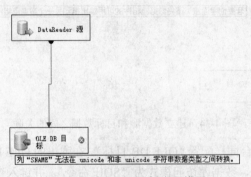

图 4-37   OLE DB 目标出现错误

此时单击 SSIS 界面中的"运行"按钮，执行后数据利用 ODBC 接口正确从 Access 数据库导入到 SQL Server 2005 数据库中，如图 4-39 所示。

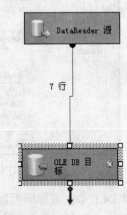

图 4-38   修改 school1 数据库的 student 表的数据类型   图 4-39   数据成功导出提示界面

实验 7：使用迭代方法将文本数据导入到 SQL Server 2005

本实验将在 SSIS 环境下，将某文件夹下面全部的文本文件数据导入到 SQL Server 2005 数据表中，具体步骤如下。

1. 准备工作

（1）在磁盘上新建一个文件夹 txt，并建立两个文本文件：userinfo1.txt 和 userinfo2.txt。假设在两个文本文件中分别写入如下信息：

userinfo1.txt：1|张三|我是张三|男,2|李四|我是李四|女,4|张三|我是张三|男,5|李四|我是李四|女

userinfo2.txt：6|张三 1|我是张三 1|男,7|李四 1|我是李四 1|女,8|张三 2|我是张三 2|男,9|李四 2|我是李四 2|女

（2）在 SQL Server 2005 下新建数据库 ssis，并在数据库 ssis 下建立数据表 userinfo，基本结构如图 4-40 所示。

本实验目标就是循环地连接某文件夹下的每个文件，不需要为每个文件都建立连接管理器。在该实例中将某文件夹下的 userinfo1.txt 和 userinfo2.txt 的内容都写入数据表 userinfo 中。

2. 设置 Foreach 循环编辑器

（1）在 SSIS 管理平台下新建一个项目，在控制流界面中从左侧工具箱中拖拽 Foreach 循环容器到界面中，再从工具箱中拖拽数据流任务到 Foreach 循环容器中，如图 4-41 所示。

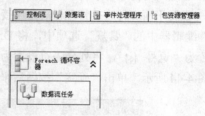

列名	数据类型	允许空
编号	varchar(50)	☐
uname	varchar(200)	☑
udesc	varchar(60)	☑
usex	varchar(50)	☑

图 4-40　建立数据表 userinfo　　　　　　图 4-41　建立 Foreach 循环容器

（2）右击 Foreach 循环容器，在弹出的"Foreach 循环编辑器"对话框的"集合"中进行枚举器的配置，设置文件夹为存放 txt 文档的文件夹：D:\txt，指定文件类型为*.txt，表示全部的 txt 文件，如图 4-42 所示。

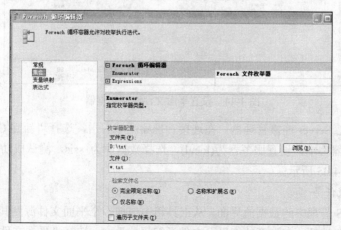

图 4-42　在 Foreach 循环编辑器对话框的"集合"中进行枚举器的配置

（3）选择"Foreach 循环编辑器"对话框中的"变量映射"，设置枚举器映射为用户定义的变量，名称为 VarFileName，如图 4-43 所示。

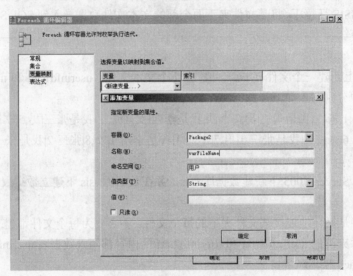

图 4-43　在"变量映射"中添加变量

3. 配置平面文件和 SQL Server 连接管理器

（1）设置平面文件连接管理器。在连接管理器区域右击选择"新建平面文件连接"，在弹出的平面文件编辑器中的"常规"选项中，将 D:\txt 中的某个 txt 文件导入。在"列"选项中，将行分隔符设置为"逗号 {,}"，将列分隔符设置为"竖线 {|}"。在"高级"选项中，修改各个属性的名称，如图 4-44 所示。单击"确定"按钮后平面文件连接管理器的配置工作完毕。

图 4-44　设置平面文件连接管理器

（2）设置 SQL Server 连接管理器。在连接管理器区域右击，选择"新建 OLE DB 连接"，在弹出的"连接管理器"中，设置服务器为(local)，选择数据库为 ssis，测试成功后单击"确定"按钮建立连接，如图 4-45 所示。

4. 设置数据流任务

（1）进入 SSIS 管理中的数据流界面，从工具箱中拖拽一个平面文件源到其中，右击该文件源控件，选择"编辑"选项。在打开的"平面文件源编辑器"中，选择"平面文件管理器"为上一步建立的 userinfo 对象。再从工具箱的数据流目标中拖拽一个 OLE DB 对象到数据流界面中，并建立与平面文件数据源对象的连接关系。

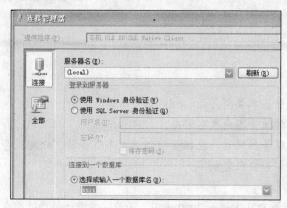

图 4-45 设置 SQL Server 连接管理器

（2）编辑 OLE DB 对象。在打开的 OLE DB 目标编辑器中，选择 OLE DB 连接管理器为 (local).ssis，表或视图的名称为 userinfo。然后选择映射，则自动建立起与平面文件之间的关联，如图 4-46 所示。

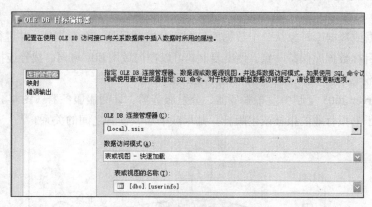

图 4-46 OLE DB 目标编辑器

5. 执行任务

单击工具栏中的运行图标，最终将数据平面文件夹下的全部的 TXT 文件数据内容复制到 SQL Server 中，颜色显示为绿色，如图 4-47 所示。

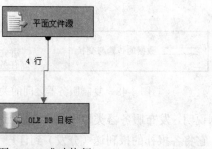

图 4-47 成功执行

4-3 SQL Server 2005 复制技术

- 了解复制的概念和基本类型。
- 了解"复制"中的服务器角色有哪些。
- 掌握"复制"的服务器配置，包括如何创建发布服务器、分发服务器和订阅服务器。
- 熟练配置事务复制和快照复制。

SQL Server 2005 相对于 SQL Server 2000 来说，无论是性能还是功能都有一个相当大的提高,甚至可以用"革命"来形容这一次升级。SQL Server 2005 使 SQL Server 跻身于企业级数据库行列。在数据高可用性方面，SQL Server 2005 为用户提供了数据镜像、复制、故障转移群集、日志传送等功能。

4-3-1 "复制"简介

复制是将数据或数据库对象从一个数据库复制和分发到另外一个数据库，并进行数据同步，从而使源数据库和目标数据库保持一致。使用复制，可以在局域网和广域网、拨号连接、无线连接和 Internet 上将数据分发到不同位置以及分发给远程或移动用户。

一组 SQL Server 2005 复制由发布服务器、分发服务器、订阅服服务器（图 4-48）组成，它们之间的关系类似于书报行业的报社或出版社、邮局或书店、读者之间的关系。

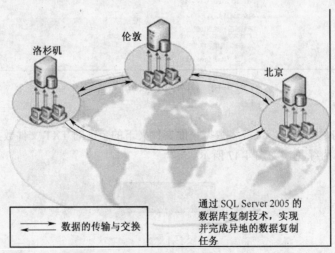

图 4-48 复制服务器之间的关系图（1）

以报纸发行为例说明，发布服务器类似于报社，报社提供报刊的内容并印刷，是数据源；分发服务器相当于邮局，它将各报社的报刊送（分发）到订户手中；订阅服务器相当于订户，从邮局那里收到报刊。在实际的复制中，发布服务器是一种数据库实例，它通过复制向其他位置提供数据，分发服务器也是一种数据库实例，它起着存储区的作用，用于复制与一个或多个发布服务器相关联的特定数据。每个发布服务器都与分发服务器上的单个数据库（称作"分发数据库"）相关联。分发数据库存储复制状态数据和有关发布的元数据，并且在某些情况下为从发布服务器向订阅服务器移动的数据起着排队的作用。在很多情况下，一个数据库服务器实例充当发布服务器和分发服务器两个角色，这称为"本地分发服务器"。订阅服务器是接收复制数据的数据库实例。一个订阅服务器可以从多个发布服务器和发布接收数据，如图 4-49 所示。

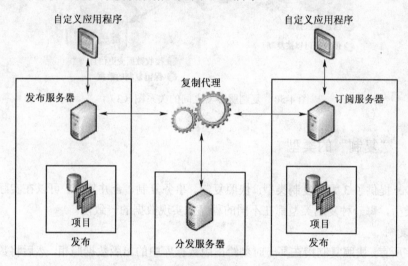

图 4-49　复制服务器之间的关系图（2）

4-3-2　"复制"中的服务器角色

在 SQL Server 2005 复制中，所需要的实例可以分为发布服务器、分发服务器、订阅服务器。发布服务器用于创建和修改数据，分发服务器用于存储与一个或多个发布服务器相关的特定数据副本，而订阅服务器用于接收数据，它们之间的关系如图 4-50 所示。

1. 发布服务器的角色

发布服务器具有数据的原始副本，并使其可供订阅服务器使用。发布服务器上的数据被发送给分发服务器，然后再由分发服务器将数据传递给订阅服务器。

2. 分发服务器的角色

分发服务器用于存储状态信息副本和元数据副本，有时它还用于存储在发布服务器和订阅服务器之间传递的数据。发布服务器也可以作为分发服务器（称为本地分发服务器），但是在复制量很大时，通常会单独创建一个分发服务器（称为远程分发服务器）。多个发布服务器可以使用一个分发服务器，而且每个发布服务器都在该分发服务器上具有独立的数据库。

3. 订阅服务器的角色

订阅服务器保存数据的复制副本，可以对订阅服务器进行如下设置：

（1）组织其对数据库进行修改。

（2）允许其在发布服务器处进行修改。

（3）允许其进行本地修改，并随后合并在一起。

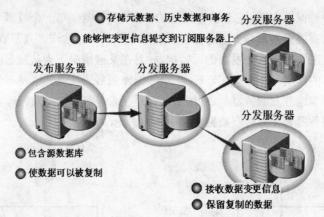

图 4-50   复制服务器之间的关系图（3）

4-3-3   "复制"的类型

SQL Server 提供了 3 大类复制类型：快照复制、事务复制、合并复制。可以在实际应用中使用相应的复制类型，每一种复制类型都在不同的程序上实现数据的一致性。

1. 快照复制

如其名字所言，快照复制指在某一时刻给出版数据库中的出版数据照相，然后将数据复制到订阅者服务器。快照复制实现较为简单，其所复制的只是某一时刻数据库的瞬间数据，快照复制是将整个出版物传送给订阅者，就是在某一时刻将出版数据进行一次"照相"，生成一个描述出版数据库中数据的当前状态的一个文件，然后在相应的时间内将其复制到订阅数据库上，快照复制并不是不停地监视出版数据库中发生的变化情况，它是对出版数据库进行一次扫描，把所有出版数据中的数据从源数据库送至目标数据库，而不仅仅是变化的数据。如果数据量很大，要复制的数据就很多。因此对网络资源要求很高，不仅要有较快的传输速度，而且要保证传输的可靠性。

快照复制是最为简单的一种复制类型，能够在出版者和订阅者之间保证数据的一致性。快照复制通常使用在以下场合：在一定时间内出现大量更改的操作，但数据总量不大，变化周期较长。

如图 4-51 所示是快照复制工作原理图。

2. 事务复制

快照复制是将整个数据集发送给订阅服务器，由于体积大而造成复制周期较长，会形成复制滞后问题。事务复制使用事务日志来生成将复制到订阅服务器的事务，因为它只复制事务也就是变化，所以滞后也比快照复制低得多，并且事务复制中的订阅服务器将不断地在发布服务器处得到最新的数据变化，从而在同步性的执行效率方面比快照复制要快得多，特别是在大量数据进行远程复制的情况下尤为明显。事务复制与快照复制之间的差异可以通过图 4-52 反映出来。

事务复制有 3 个组件：

（1）快照代理：它生成架构、数据以及跟踪复制过程所需的数据。

（2）分发代理：它分发快照和随后的命令。

（3）日志读取器代理：它读取发布数据的事务日志。

在事务复制中，当出版数据库发生变化时，这种变化就会立即传递给订阅者，并在较短时间内完成（几秒），而不是像快照复制那样要经过很长一段时间间隔。因此，事务复制是一种接近实时地从源到目标分发数据的方法。由于某种原因事务复制的频率较高，所以必须保证在订阅者与出版者之间要有可靠的网络连接。

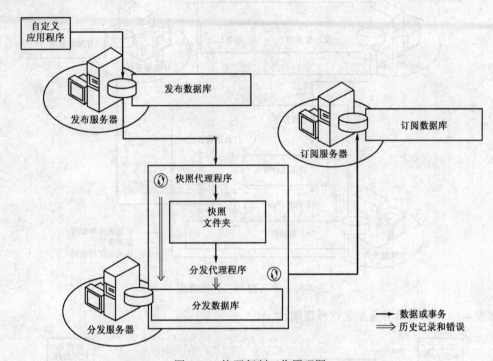

图 4-51　快照复制工作原理图

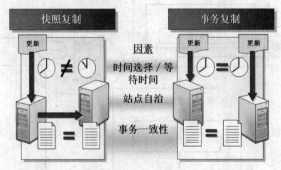

图 4-52　事务复制与快照复制之间的差异

如图 4-53 所示是事务复制工作原理图。

3. 合并复制

合并复制是为移动用户设计的，可以在发布服务器或订阅服务器处执行修改，在合并代理运行时，这些修改将同步，多用于发布服务器与订阅服务都修改数据的情况下。工作原理如下：在要复制的每个表上实现触发器，并使用包含 GUID 列唯一标识要复制的表中的每一行。对其中的任何一个表进行修改时，都会更改记录到该数据表中，在合并代理运行时，它收集数据表中的 GUID，这些 GUID 指出了在发布服务器和订阅服务器处修改过的行。对于只在发布服务器或订阅端修改的数据则直接进行相应操作，如 INSERT、UPDATE、DELETE，如果双方都有 GUID，则按照用户指定的方式解决冲突，默认发布服务器优先。

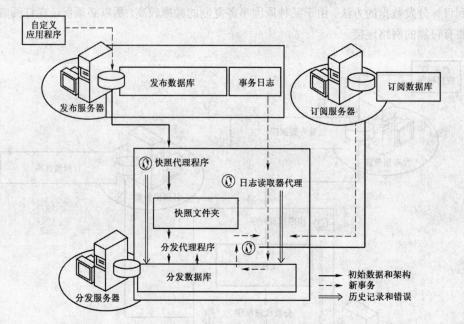

图 4-53　事务复制工作原理图

如图 4-54 所示是合并复制工作原理图。

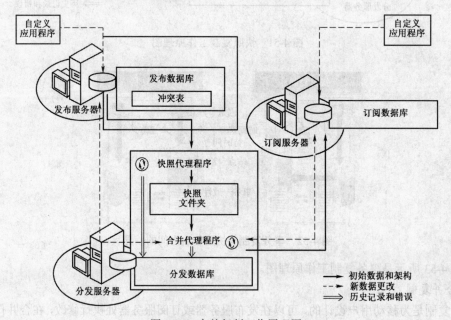

图 4-54　合并复制工作原理图

4-3-4　"复制"的服务器配置

无论是快照复制、事务性复制还是合并复制，创建复制都要经过以下步骤：

（1）创建发布服务器。选择要发布的服务器，有条件的也可以有分发服务器，在这里将发布服务器和分发服务器设置在同一台计算机上。

（2）不论是发布服务器还是订阅服务器必须开启代理服务。

（3）创建一个发布，即将需要的数据库及对象发布出来。

（4）选择一个适合自己的发布类型。

（5）设置复制代理及安全，即指定可以运行代理的用户账号。

实验的基本配置图如图 4-55 所示，将 Data Server1 上的 school 数据库复制到 Data Server2 上的 school 数据库中。

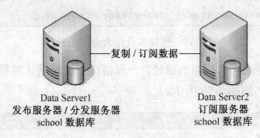

图 4-55　复制基本配置图

下面按照上述配置原则，依次完成 3 类复制服务器的实验工作。

实验 8：快照复制

1. 在本机建立不同的实例

本次实验在同一台机器的两个实例间进行，实例名分别是本机的 Administrator 用户登录（假设为 SERVER01）和本机的 SQLExpress 实例登录（假设为 SERVER02）。将 SERVER01 配置为发布服务器和分发服务器（也就是前面提到的"本地分发服务器"），将 SERVER02 配置为订阅服务器。在本例中将 SERVER01 中 school 库的 student 表作为发布的数据，在发布前确保 student 表有主键、SQL SERVER 代理自动启动、发布数据库日志是完整模式。另外，SERVER02 中也有 school 数据库，其中的表信息及数据与 SERVER01 中的 school 数据库完全一致，从而保证复制前的同步，使发布的源和目标数据一致，如图 4-56 所示。

2. 在 SERVER01 上设置发布和分发

（1）展开 SERVER01 的"复制"节点，右击"本地发布"，选择"新建发布"选项，如图 4-57 所示。

图 4-56　在本机同时启动两个实例

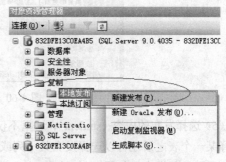

图 4-57　新建本地发布复制

（2）在新建发布向导中首先要求选择分发服务器，本例选择本机作为分发服务器，选择默认值，如图 4-58 所示。

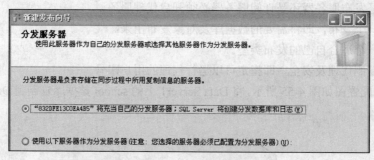

图 4-58   选择本机作为分发服务器

（3）向导第（3）步要求选择快照的路径，一般情况下选择默认路径。向导第四步选择发布的数据库，这里选择 school，如图 4-59 所示。

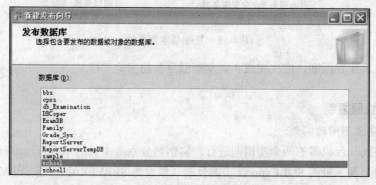

图 4-59   选择发布的数据库 school

（4）选择发布的类型，这里选择快照复制，如图 4-60 所示。

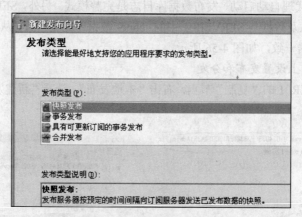

图 4-60   选择快照复制

（5）选择发布的内容（student），这里不仅可以发表，还可以发布其他的数据库对象，如函数。在选择某一个表之后还可以选择发布某一列或几列。在这个步骤的下一个界面中可以选择要发布的行，这里默认行发布，如图 4-61 所示。

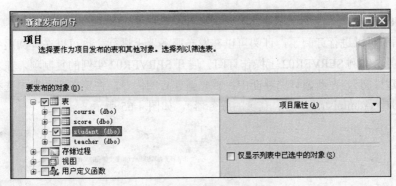

图 4-61　选择发布的内容表

（6）配置快照代理服务，此处需要将"立即执行快照"和"计划时间运行"全部勾选，并单击"确定"按钮执行快照复制，如图 4-62 所示。

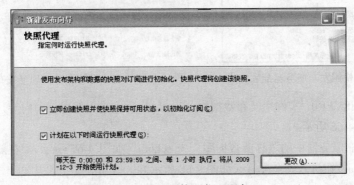

图 4-62　配置快照代理服务

（7）下面为每个复制代理选择登录名，单击向导配置安全代理服务。设置发布的内容之后设置运行 SQL 代理的账号，如图 4-63 所示。

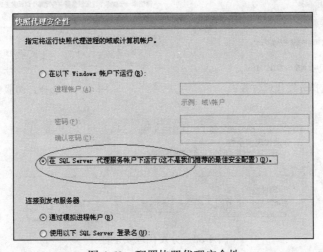

图 4-63　配置快照代理安全性

（8）设置上一步之后，给复制起个名字 school_fb。到此为止，发布和分发已配置成功，如图 4-64 所示。

3．在 SERVER02 上设置订阅服务器

（1）下面就可以进行订阅了，订阅可以在发布服务器上进行，也可以在订阅服务器上进行。本次在订阅服务器实例 SERVER02 上操作订阅。展开 SERVER02 实例的复制项，在本地订阅上右击，选择"新建订阅"。在新建订阅界面中，首先新建订阅向导，在发布服务器中选择登录的服务器为 SERVER01（Administrator 用户登录的服务器），如图 4-65 所示。

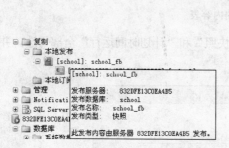

图 4-64　本地快照发布服务器配置完成　　　图 4-65　订阅服务器选择发布服务器

（2）选择 SERVER01 实例中发布数据库 school_fb 后，进入新建订阅向导，选择推送订阅方式（默认），如图 4-66 所示。

（3）选择发布服务器中的"订阅数据库"为 school（如图 4-67 所示），在随后弹出的分发代理安全性中单击 按钮进入安全配置（如图 4-68 所示）。

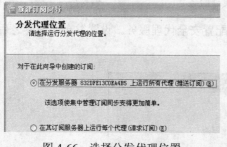

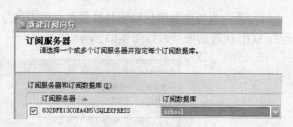

图 4-66　选择分发代理位置　　　　　　　图 4-67　选择订阅服务器

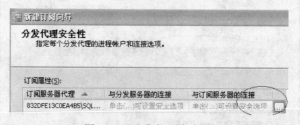

图 4-68　分发代理安全性

（4）在安全设置界面中，选择"在 SQL Server 代理服务账户下运行"单选项，"连接到订阅服务器"中选择以 SQL Server 登录（如图 4-69 所示）。

注意：连接订阅服务器时候经常出现连接错误的情况，怎么办？

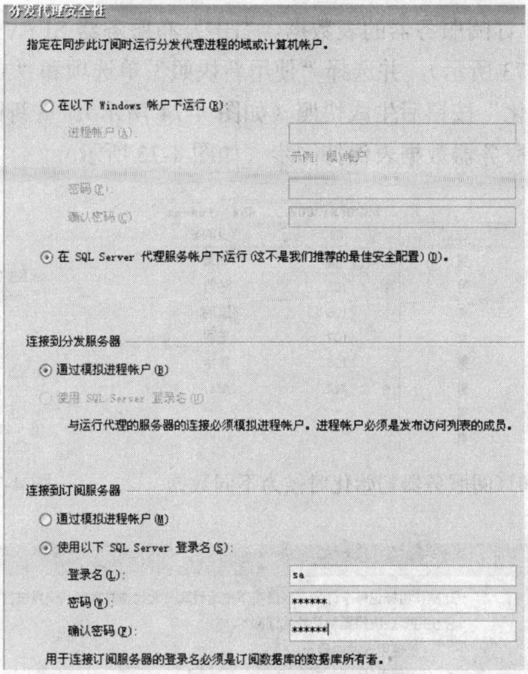

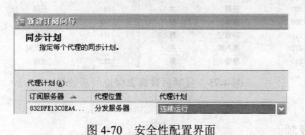

图 4-69　分发代理安全性配置

sa 用户是 SQL Server 的超级用户，可能的解决办法是：①由于 sa 账户未启用；②远程连接没有设为同时使用 TCP/IP 和 Named Pipes；③服务器身份验证选项为 Windows 身份验证模式，具体步骤参见安全性章节内容的讲解。

（5）完成安全设置任务后，单击"下一步"按钮进入同步计划执行界面，设置"代理计划"为"连续运行"，如图 4-70 所示。而后配置初始化订阅属性，"初始化时间"为"立即"，如图 4-71 所示。在向导结束时选择创建订阅，最后单击"完成"按钮，结束订阅服务器的配置工作。

图 4-70　安全性配置界面

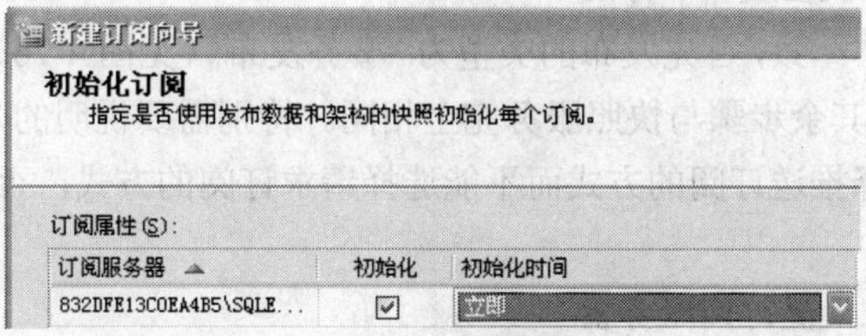

图 4-71　安全性配置界面

（6）测试复制实验。在如图 4-72 所示的两张表中，左侧表为 SERVER01 发布服务器的表数据，右侧表为 SERVER02 订阅服务器的表数据。右击发布服务器 SERVER01，选择"重新初始化所有订阅"选项（如图 4-73 所示），并选择"使用新快照"单选项和"立即生成新快照"复选框，单击"标记为要重新初始化"按钮后生成快照（如图 4-74 所示）。重新刷新 SERVER02 订阅服务器的本地订阅后，则两个服务器数据表保持同步（如图 4-75 所示）。

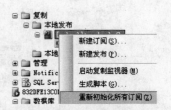

| 图 4-72   发布服务器和订阅服务器初始化时候为不同数据 | 图 4-73   重新初始化所有订阅 |

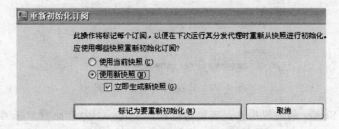

图 4-74   开始使用新快照和生成新快照

图 4-75   复制后数据表保持同步效果

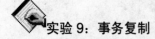

实验 9：事务复制

1. 在 SERVER01 上设置发布和分发

同配置快照复制基本一致，首先发布的类型为"事务发布"（见图 4-76），同样选择数据库 school 数据库中的 student 表，其余步骤与快照服务完全相同。特别需要说明的是，在进行到"分发代理位置"步骤时，必须选择推送订阅的方式而不能选择请求订阅的方式，否则无法进行初始化订阅，而导致事务复制失败。

2. 在 SERVER02 上设置订阅服务器

在订阅服务器上选择发布的服务器为事务发布服务 school_xw（见图 4-77），其余步骤与快照复制步骤完全一致，这里不再多述。

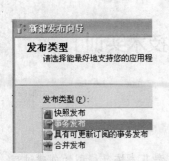

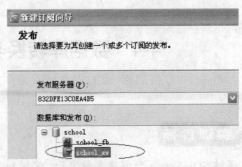

图 4-76　配置发布类型为"事务发布"　　　　　图 4-77　选择发布复制类型为事务发布服务器

3．测试

修改 SERVER01 中的 student 表后稍等几秒，刷新 SERVER02 中的 student 表，则数据将实现同步更新，其效率比快照复制要快得多，如图 4-78 所示。

图 4-78　测试事务发布复制实验

4-3-5　"复制"的过程中遇到的常见问题

（1）代理服务一定要事先运行。

（2）如果是 GHOST 的系统，会发生计算机名和 SQL Server 中所能识别的服务器名称不一致的情况，请使用以下的代码进行同步更新：

```
if serverproperty('servername') <> @@servername
begin
        declare @server sysname
        set @server = @@servername
        exec sp_dropserver @server = @server
        set @server = cast(serverproperty('servername') as sysname)
        exec sp_addserver @server = @server , @local = 'LOCAL'
end
```

再重新启动 SQL Server 核心服务和代理服务，问题一般都会解决。

4-4　数据库转换与复制技术实训

实训目标

- 通过 SQL Server 数据库备份实验，掌握和深入理解三种基本恢复模型的创建过程，学习并掌握备份设备存储备份的过程。
- 通过 SQL Server 备份方法实验，学习并熟练掌握完全数据文件、差异数据文件和日志文件的数据备份方法。
- 通过 SQL Server 文件和文件组备份实验，学习并熟练掌握文件和文件组备份的备份过程。
- 通过 SQL Server 数据还原实验，学习并熟练掌握完全数据文件、差异数据文件和日志文件的数据备份恢复数据的方法，掌握文件和文件组备份的备份恢复数据的方法。

4-4-1　通过 SSIS 批量导入 Excel 文件实训

1. 实训任务

将一个目录下（可以包括子目录）结构一样的 Excel 文件批量导入 SQL Server 2005，可以用 SSIS 来定制任务，下面用具体实例说明整个过程。

2. 实训步骤

（1）建立测试 Excel 文件，假设有 a、b、c、d 四个字段，保存在 C:\excel 目录下，并复制 3 个一样的文件，如图 4-79 和图 4-80 所示。

	A	B	C	D
a		b	c	d
	2	3	4	5
	6	7	8	9

图 4-79　Excel 文件中的测试数据

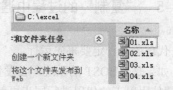

图 4-80　C:\excel 目录下的 4 个文件

（2）打开 Microsoft Visual Studio 2005 或者随 SQL Server 2005 安装的 SQL Server Business Intelligence Development Studio，新建一个商业智能项目，命名为 ISTest。在 SSIS 的设计界面中，从工具箱中拖一个 Foreach 循环容器，右击该对象，选择"编辑"选项，如图 4-81 所示。

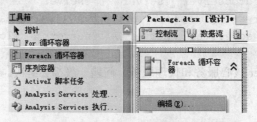

图 4-81　从工具箱中拖一个 Foreach 循环容器

（3）在打开的"Foreach 循环编辑器"对话框中选择"集合"，并设定遍历目录和文件的类型，如图 4-82 所示。再选择变量映射，并新建一个映射变量，该变量将用来存储遍历中的文件路径。在弹出的对话框中对该变量进行命名，如图 4-83 所示。

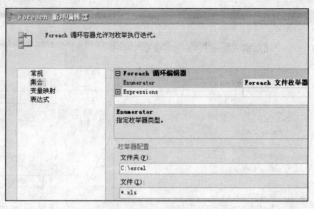

图 4-82　设定遍历目录和文件的类型

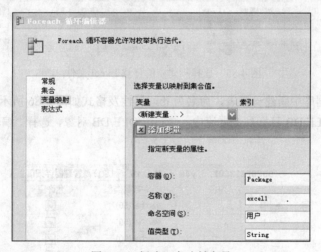

图 4-83　新建一个映射变量

（4）确定后，接着拖一个数据流任务到循环容器中，并切换到该数据流分页，再从工具箱中拖一个 Excel 源，右击该对象，选择"编辑"，如图 4-84 所示。

图 4-84　切换到数据流分页

（5）在打开的 Excel 源编辑器中选择新建一个 OLE DB 连接管理器，在打开的管理器界面中单击"浏览"按钮，并选中刚刚建立的任意一个 Excel 文件，如图 4-85 所示。完成 OLEDB 连接管理器的配置工作后，在 Excel 编辑器中选择"Excel 工作表的名称"，此处选择 sheet1$，预览无误后单击"确定"按钮退出。

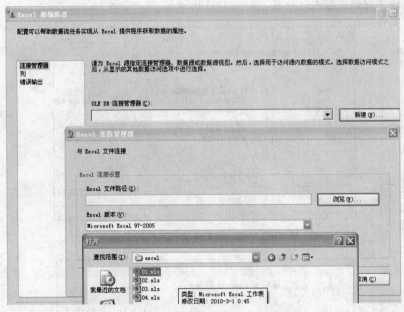

图 4-85　选择刚建立的任意 Excel 文件

（6）在用户数据库中新建一张表，命名为 tb，属性及格式如图 4-86 所示。回到 SISS 界面，从工具箱中拖一个 OLE DB 目标到数据流中，并右击 OLE DB 对象，选择"编辑"选项，如图 4-87 所示。

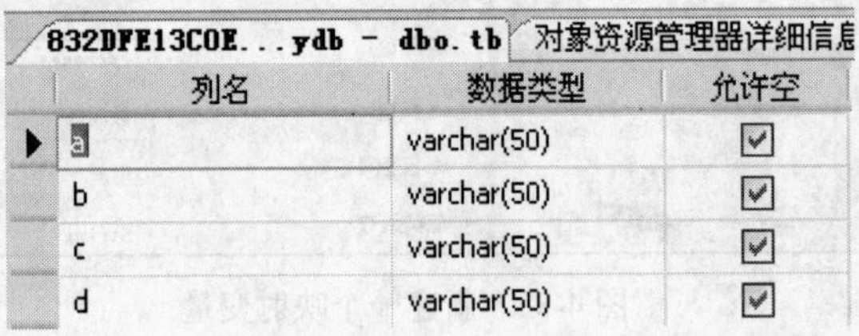

列名	数据类型	允许空
a	varchar(50)	☑
b	varchar(50)	☑
c	varchar(50)	☑
d	varchar(50)	☑

832DFE13C0E...ydb - dbo.tb / 对象资源管理器详细信息

图 4-86　在 SQL Server 中新建表 tb

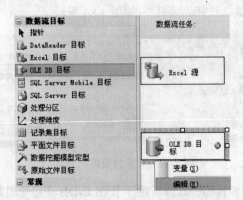

图 4-87　从工具箱中拖拽 OLE DB 对象

（7）在打开的 OLE DB 编辑器中，新建连接管理器为测试数据库 mydb，并选择其中的表 tb
为测试目标用表，如图 4-88 所示。

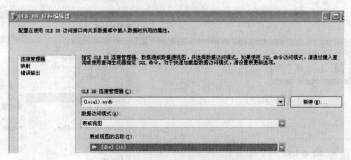

图 4-88　选择 OLE DB 数据表

（8）在 OLE DB 编辑器中，选择"映射"，编辑字段映射关系，并保证对应的属性结构一样，
如图 4-89 所示。编辑下面的"Excel 连接管理器"，这里将用 foreach 的变量来代替刚刚选择的那个
Excel 文件，如图 4-90 所示。

图 4-89　编辑字段映射关系　　　　　　　　图 4-90　编辑 Excel 连接管理器属性

（9）在连接管理器的属性中设置变量的映射用法，选择 Expressions 属性，在打开的 Expressions
的属性编辑列表中，左边选择 ExcelFilePath，这个是连接管理器的属性，将用变量来代替。再单击
表达式的属性编辑按钮，把列表中的变量用户:: excel1 变量拖到下面的表达式框中，则在表达式框
中出现字符串"@[用户::excel1]"，全部"确定"后完成配置工作，如图 4-91 所示。

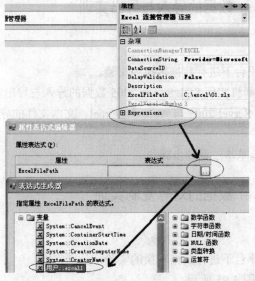

图 4-91　配置 Expressions 属性

（10）这时 SSIS 将会报错，并给出警告。改正的方法是，左击 SSIS 空白界面处，打开控制流的属性窗口，设置 DelayValidation 属性为 True，如图 4-92 和图 4-93 所示。

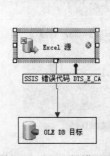

图 4-92　SSIS 报错界面　　　　　　　　图 4-93　配置 DelayValidation 属性为 True

（11）经过以上步骤的配置，整个实训过程结束，可以按 F5 键查看效果，文件夹下所有的 Excel 文件将被批量导入数据库，如图 4-94 所示。

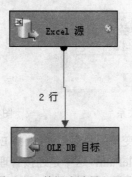

图 4-94　数据成功导入界面

4-4-2　SQL Server 数据的导入与导出实训

1. 实训任务

在 SQL Server 的管理平台下进行数据转换的实验。

（1）完成学生机与教师机实现 SQL Server 2005 数据的导入与导出实验。

（2）完成本机的 SQL Server 2005 与 Access、Excel、文本文件的导入与导出实验。

2. 实训步骤

参考课本中讲述的实验基本过程和步骤。

4-4-3　SQL Server 数据的对等复制实训

1. 实训任务

在 SQL Server 的管理平台下进行数据转换的实验，分别完成：

（1）实验拓扑图，如图 4-95 所示。

（2）实验准备：在机房寻找三台主机，分别为 VM-1、VM-2 和 VM-3，三台主机的 IP 地址如图 4-95 所示。准备一个样例数据库，为实验做准备，或使用随书附带的 school 数据库，使用时将其导入即可。

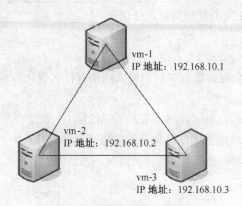

图 4-95　复制实验拓扑图

2. 实训步骤

（1）各自启动主机的代理服务器，配置本机为发布服务器和分发服务器，并寻找另一台主机为订阅服务器。

（2）分别建立快照复制和事务复制实验，判断是否可以进行数据的复制更新。

（3）参考课本中讲述的实验基本过程和步骤。

本章考纲

- 掌握数据库表中数据的导出技术，包括将 SQL Server 数据导出为文本文件、导出到本机内其他数据库中、导出到 Access 数据库中。
- 掌握将异构数据导入到 SQL Server 数据库，包括将文本文件数据、Access 数据导入到 SQL Server 数据库。
- 了解 SSIS 的基本概念和体系结构。
- 掌握使用 SSIS 进行数据转换，包括通过操作系统的 ODBC 将 Access 数据库中的数据导入到 SQL Server、使用迭代方法将文本数据导入到 SQL Server 2005。
- 了解复制的概念和基本类型。
- 了解"复制"中的服务器角色有哪些。
- 掌握"复制"的服务器配置，包括如何创建发布服务器、分发服务器和订阅服务器。
- 熟练配置事务复制和快照复制。

课后练习

一、填空题

1. 复制是将数据或数据库对象从一个数据库复制和分发到另外一个数据库，并进行数据同步，从而使_____和_____保持一致。

2. 一组 SQL Server 2005 复制由_____、_____和_____组成。

3. "复制" 中的服务器角色包括_____、_____和_____。

4. SQL Server 提供了 3 大类复制类型，分别是_____，_____和_____。

二、简答题

1. SQL Server 转化为 Access 数据库后的模式结构有什么变化？

2. 异构数据的概念是什么？

3. 简单评述 SQL Server Integration Services（SSIS）。

4. 利用 SSIS 转换数据时经常无法转化，可能原因主要是什么？

5. 连接订阅服务器时经常出现连接错误的情况，怎么办？

第 5 章 SQL Server 2005 的安全性

本章内容

- SQL Server 2005 安全性概述
- SQL Server 2005 登录用户介绍
- SQL Server 2005 权限管理
- SQL Server 2005 密码策略和证书

5-1 SQL Server 2005 安全性概述

学习目标

- 了解数据库安全性的产生。
- 了解安全措施的 5 个级别。
- 可以区分 Windows 认证模式和 SQL Server 混合认证模式的区别。
- SQL Server 2005 安全性概述。
- 掌握用户身份认证，主体和安全对象的内涵。

SQL Server 作为一款不断发展壮大的数据库管理系统，正由中型数据库管理体系向大型数据库管理系统发展，而 SQL Server 2005 正是这一发展的结果。其中，数据库的安全性也随着版本的不断升级发生了革命性的变化。我们都知道，在过去十年里，数据库技术的侧重点已经从可伸缩性演变为可靠性，特别是在当前网络恐怖主义存在的时代，安全是数据库最重要的性能。虽然通常的应用程序部署都为恶意肇事者设置诸多障碍，如防火墙、密码、用户控制和监控等，但事实上数据库自身才是最后一道屏障。SQL Server 2005 的安全体系结构已经进行了重新设计，能够提供全方位的安全保障，来成功防范强力攻击、电子欺骗、SQL 注入和其他攻击。

目前所有的技术中，没有任何一种技术像数据库这样受到持续的审核和攻击，而对数据的威胁比黑客的威胁更可怕，因为数据库不仅仅是存储数据的载体，更是敏感信息的承接对象，一旦泄漏可能会对国家和企业造成无法挽回的恶果。所以大多数公司在具体的软件项目的研发过程或者实际应用中，对数据库的审核及信息发布都有着非常严格的安全措施，当然也包括设计信息的具体研发人员和使用者，如开发人员和数据库管理员等。

5-1-1 数据库安全性的产生

数据库的安全性是指在信息系统的不同层次保护数据库，防止未授权的数据访问，避免数据的泄漏、不合法的修改或对数据的破坏。安全性问题不是数据库系统所独有的，它来自各个方面，其中既有数据库本身的安全机制，如用户认证、存取权限、视图隔离、跟踪与审查、数据加密、数据完整性控制、数据访问的并发控制、数据库的备份和恢复等方面，也涉及到计算机硬件系统、计算机网络系统、操作系统、组件、Web 服务、客户端应用程序、网络浏览器等。只是在数据库系统中大量数据集中存放，而且为许多最终用户直接共享，从而使安全性问题更为突出，每一个方面产生的安全问题都可能导致数据库数据的泄露、意外修改、丢失等后果。

典型的数据库安全性问题是没有进行有效的用户权限控制引起的数据泄露。B/S 结构的网络环境下数据库或其他的两层或三层结构的数据库应用系统中，一些客户端应用程序总是使用数据库管理员权限与数据库服务器进行连接（如 Microsoft SQL Server 的管理员 SA），在客户端功能控制不合理的情况下，可能使操作人员访问到超出其访问权限的数据。

在安全问题上，DBMS 应与操作系统达到某种意向，理清关系，分工协作，以加强 DBMS 的安全性。数据库系统安全保护措施是否有效是数据库系统的主要指标之一。

为了保护数据库，防止恶意的滥用，可以在从低到高 5 个级别上设置各种安全措施。

（1）环境级：计算机系统的机房和设备应加以保护，防止有人进行物理破坏。

（2）职员级：工作人员应清正廉洁，正确授予用户访问数据库的权限。

（3）OS 级：应防止未经授权的用户从 OS 处着手访问数据库。

（4）网络级：大多数 DBS 都允许用户通过网络进行远程访问，因此网络软件内部的安全性至关重要。

（5）DBS 级：DBS 的职责是检查用户的身份是否合法及使用数据库的权限是否正确。

本章只讨论与数据库系统中的数据保护密切相关的内容。

5-1-2 SQL Server 2005 安全性概述

如果一个用户要访问 SQL Server 数据库中的数据，必须经过三个级别的认证过程，如图 5-1 所示。第一个认证过程是 Windows 级别，即 Windows 身份验证，需通过登录账户来标识用户。身份验证只验证用户是否具有连接到 SQL Server 数据库服务器的资格。第二个级别的认证是 SQL Server 级别的认证，该认证过程是当用户访问数据库时，必须具有对具体数据库的访问权，即验证用户是否是数据库的合法用户。第三个级别是数据库级，该级别是指当用户操作数据库中的数据对象时，必须具有相应的操作权，即验证用户是否具有操作权限。

这就好比一幢大楼，身份认证的用户是进入 SQL Server 数据库软件的第一道大门，要想进楼首先必须有这栋大楼的钥匙，这就是第一把钥匙——身份认证权限；进入大楼后，如果你想进某一家的门，就好比开始具体操纵某个数据库，你必须有第二把钥匙——数据库的访问权；进入某家后，如果你想具体操纵某张表、视图或者其他数据库里面的对象，就好比获取这家保险柜的文件必须有保险柜的钥匙一样，这就是第三把钥匙——操作权，如图 5-2 所示。

SQL Server 的安全性管理的概念包括用户身份认证、主体、安全对象等几个方面，下面重点介绍用户的身份认证。

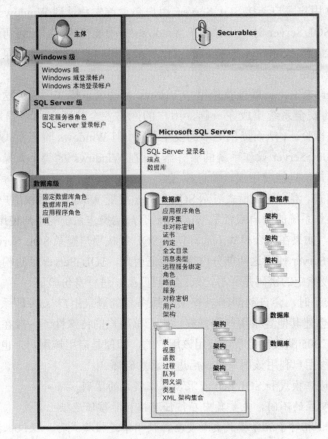

图 5-1　SQL Server 的安全认证级别示意图

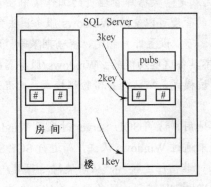

图 5-2　SQL Server 的安全体系结构

1．用户身份认证

SQL Server 的用户有两种类型。

（1）Windows 授权用户：来自于 Windows 的用户或组。

（2）SQL 授权用户：来自于非 Windows 的用户，称其为 SQL 用户。

Microsoft SQL Server 为不同的用户类型提供了不同的安全认证模式。

（1）Windows 身份验证模式。Windows 身份验证模式使用户得以通过 Microsoft Windows NT 4.0 或 Windows 2000 用户账户连接 SQL Server。用户必须首先登录到 Windows 中，再登录到 SQL Server。用户登录到 SQL Server 时，只需选择 Windows 身份验证模式，无须再提供登录账户和密码，系统会从用户登录到 Windows 时提供的用户名和密码中查找用户的登录信息，以判断其是否为 SQL Server 的合法用户。

对于 SQL Server 来说，一般推荐使用 Windows 身份验证模式。因为这种安全模式能够与 Windows 操作系统的安全系统集成在一起，用户的网络安全特性在网络登录时建立，并通过 Windows 域控制器进行验证，从而提供更多的安全功能。但 Windows 验证模式只能用在 Windows NT 4.0 或 Windows 2000 Server 操作系统的服务器上，在 Windows 98 等个人操作系统上不能使用 Windows 身份验证模式，只能使用混合验证模式。

（2）混合验证模式。混合验证模式表示 SQL Server 接受 Windows 授权用户和 SQL 授权用户。如果不是 Windows 操作系统的用户或者是 Windows 客户端操作系统的用户使用 SQL Server，则应该选择混合验证模式。如果在混合模式下选择使用 SQL 授权用户登录 SQL Server，用户必须提供登录名和密码，SQL Server 使用这两部分内容来验证用户，SQL Server 通过检查是否已设置 SQL Server 登录账户，以及指定的密码是否与记录的密码匹配，进行身份验证。

SQL Server 在安装时，会自动创建一个 DB 服务器的登录用户 sa，即系统管理员（System Administrator），用于创建其他登录用户和授权。由于该用户的特殊性，一般在具体应用时并不启用，同时 SQL Server 2005 默认也是禁止使用该用户的，即便是启用该用户，也要注意设置较为安全的密码，以防止远程用户利用该用户登录后进行恶意破坏。

注意：Windows 认证模式和 SQL Server 混合认证模式的区别。

两个验证方式有明显的不同，主要集中在信任连接和非信任连接上。

Windows 身份验证相对于混合模式更加安全，使用本连接模式时，仅仅根据用户的 Windows 权限来进行身份验证，称为"信任连接"，但是在远程连接时会因 HTML 验证的缘故而无法登录。

- Windows 认证模式的优点是：数据库管理员的工作集中在管理数据库方面，而不是管理用户账户。对用户账户的管理可以交给 Windows 服务器去完成。Windows 服务器有着更强的用户账户管理工具。可以设置账户锁定、密码期限等。如果不是通过定制来扩展 SQL Server，SQL Server 是不具备这些功能的。Windows 服务器的组策略支持多个用户同时被授权访问 SQL Server。该模式是默认的身份验证模式，比混合模式更为安全。请尽可能使用 Windows 身份验证。

- 混合模式验证就是当本地用户访问 SQL Server 时采用 Windows 身份验证建立信任连接，当远程用户访问时由于未通过 Windows 认证，而进行 SQL Server 认证（使用 sa 的用户也可以登录 SQL），建立"非信任连接"，从而使得远程用户也可以登录。

混合认证模式的优点是：①创建 Windows 服务器之外的一个安全层次；②支持更大范围的用户，如 Novell 网用户等；③一个应用程序可以使用单个的 SQL Server 登录账号和口令。

二者在登录数据库的安全决策流程上不同，具体流程如图 5-3 所示。

2. 主体

主体是 SQL Server 2005 的术语，表示可以请求 SQL Server 资源的个体、组和过程。与 SQL Server 授权模型的其他组件一样，主体也可以按层次结构排列。每个主体都有一个唯一的安全标识符（SID），可为其授权访问数据库系统中的对象权限。主体存在三个级别：Windows 级别的主体、

SQL Server 级别的主体、数据库级别的主体，如表 5-1 所示。

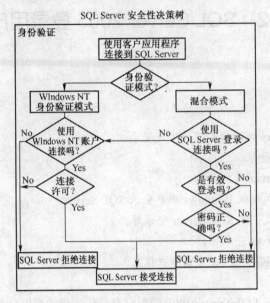

图 5-3 SQL Server 身份验证的不同流程

表 5-1 SQL Server 2005 级别对应的主体

级别	主体
Windows 级别的主体	● Windows 域用户账户 ● Windows 本地用户账户 ● Windows 组
SQL Server 级别的主体	● SQL Server 登录名 ● SQL Server 角色
数据库级别的主体	● 数据库用户 ● 数据库角色 ● 应用程序角色 ● public 数据库角色

3. 安全对象

SQL Server 2005 存在 3 种安全对象的作用域范围：服务器、数据库和架构。如表 5-2 所示为 SQL Server 2005 安全对象包含的作用域范围。

表 5-2 SQL Server 2005 安全对象包含的作用域范围

安全对象作用域	包含的安全对象
服务器作用域	● 端点、登录账户、数据库
数据库作用域	● 用户、角色、应用程序角色、程序集、消息类型、路由、服务 ● 远程服务绑定、全文目录、证书、非对称密钥、对称密钥 ● 约定、架构
模式作用域	● 聚合、约束、函数、过程、队列、统计信息 ● 同义词、表、视图

5-2　SQL Server 2005 登录用户

学习目标

- 掌握建立 Windows 认证模式下的用户登录。
- 掌握建立 sa 用户登录。
- 掌握建立 SQL Server 用户登录。
- 掌握通过命令方式授权 Windows 用户登录 SQL Server。
- 掌握通过命令方式创建 SQL Server 登录账户。
- 学习查看 SQL Server 登录账户。
- 学习修改和删除 SQL Server 登录账户信息。

在 5-1 节中我们知道了 SQL Server 2005 的用户身份认证模式可以分为两种：Windows 认证模式和 SQL Server 混合认证模式，因此 SQL Server 2005 的用户根据身份认证模式的不同，也可以分为两种：Windows 用户和 SQL Server 用户。本节将通过实验的形式，分别实现这两种不同用户的注册和登录。

5-2-1　建立 SQL Server 2005 安全用户

本实验将完成在上一节中提到的 Windows 用户登录、SQL Server 用户登录（包括 sa 用户登录）的 3 个实验，具体实验操作如下。

实验 1：建立 Windows 认证模式下的用户登录

（1）在操作系统的计算机管理界面下，展开本地用户和组，在用户下建立 3 个用户 u1、u2、u3，密码与用户名相同，如图 5-4 所示。然后新建一个组，命名为 qq，并将 u2 和 u1 放到该组下。放置一个用户在一个组里面的具体步骤是：右击 u1 用户，在弹出的快捷菜单中选择"隶属于"命令，在弹出对话框的"隶属于"选项卡中将 qq 组添加进来，如图 5-5 所示。

图 5-4　新建操作系统用户

（2）展开数据库管理界面，右击"安全性"的"登录名"，在弹出的快捷菜单中选择"新建登录名"命令，如图 5-6 所示。

图 5-5　配置 u1 用户隶属于 qq 组界面

图 5-6　新建登录名

（3）在弹出的"新建登录名"对话框中单击"搜索"按钮，会弹出"选择用户和组"对话框。在该对话框内单击"对象类型"按钮，然后在弹出的"对象类型"对话框中选择全部类型，也包括组。确定"对象类型"后，单击"选择用户和组"界面中的"高级"按钮，选择组用户 qq 后，返回"选择用户和组"对话框，单击"确定"按钮后建立登录名工作完成，如图 5-7 所示。

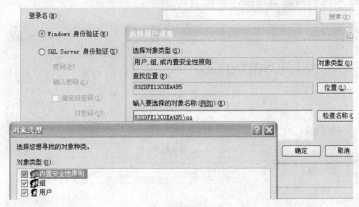

图 5-7　建立 Windows 组用户的登录权限

该步骤的目的是为下一步的"组用户"授权做准备，即当为 qq 组授权后，该组下面的 u1、u2 用户就可以正常登录了。当然，这一步也可以为某个具体的用户授权，如 u3 用户，操作步骤相同，这里就不再多述，请读者自行完成。

（4）测试。切换 Windows 用户，以 u1 用户的身份进入操作系统后，启动 SQL Server 2005 数据库，查看是否可以凭 Windows 用户的身份验证登录。此时登录成功后会发现什么也做不了，因为没有授权操作具体的数据库和表，如同仅有楼钥匙而没有家门和保险柜的钥匙一样。

实验 2：建立 sa 用户登录

sa 用户是 SQL Server 的超级管理员用户，由于该用户的特殊性，往往容易成为被攻击的漏洞对象，因此建议不要轻易启动该用户。下面讲述如何以 sa 用户的身份登录当前的 SQL Server 系统。

（1）右击当前的实例，在弹出的快捷菜单中选择"属性"命令。在弹出的"服务器属性"对话框中选择"选择页"中的"安全性",将服务器安全认证改为"SQL Server 和 Windows 身份验证模式",如图 5-8 所示。

(2)展开安全性的登录名文件夹,右击下面的 sa 用户,然后在"登录属性-sa"对话框中选择"状态"页并将"登录"设为"启用",最后单击"应用"、"确定"按钮保存设置,如图 5-9 所示。这里建议回到常规界面,设置 sa 用户的密码并强制实施密码策略,起到对该用户的最后一道密码保护作用。

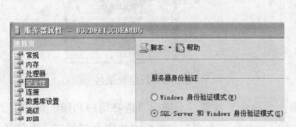

图 5-8 改为 SQL Server 和 Windows 身份认证模式

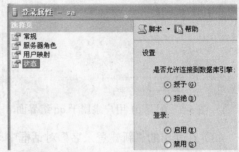

图 5-9 将 sa 用户的登录状态改为启用

(3)测试。选择新建一个实例连接,在弹出的对话框中选择身份认证为"SQL Server 身份验证",键入用户名 sa 和密码后测试连接,如图 5-10 所示。

图 5-10 服务器安全认证改为 SQL Server 和 Windows 身份验证

问题:按照上述步骤配置后依然无法成功使得 sa 用户登录数据库系统,应如何处理呢?

(1)打开 SQL Server 外围应用配置器,选择"服务器和连接的外围应用配置器",然后在"服务器和连接的外围应用配置器"对话框中选择"远程连接"页,并将本地连接和远程连接设为同时使用 TCP/IP 和 named pipes,最后单击"应用"、"确定"按钮保存设置,如图 5-11 所示。

(2)打开 SQL Server Configuration Manager,单击 SQL Server 2005 服务,右击 SQL Server(MSSQLSERVER),在弹出的快捷菜单中选择"重新启动"命令,如图 5-12 所示。

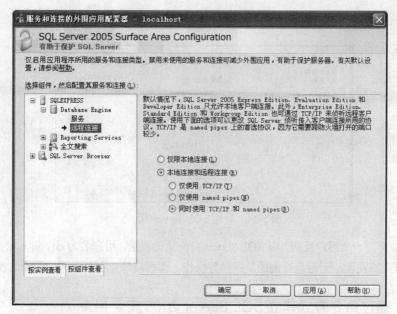

图 5-11　重新设置远程连接属性

图 5-12　重新启动 SQL Server 服务

实验 3：建立 SQL Server 用户登录

SQL Server 用户的建立和 sa 用户设置非常类似，唯一不同的是该用户的名称可以由用户自行定义。

（1）右击"安全性"中的"登录名"，在弹出的快捷菜单中选择"新建登录名"命令，如图 5-13 所示。

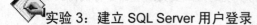
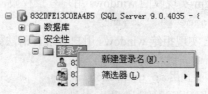

图 5-13　新建登录名

（2）在展开的"新建登录名"对话框的"常规"选择页里面，键入登录名为 qq，选择"SQL Server 身份验证"，并输入密码和确认密码，取消选中"强制实施密码策略"复选项。最后在"状态"选项中确定授权都已经授权和启用后,单击确定建立 qq 用户,如图 5-14 所示。

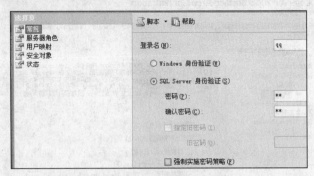

图 5-14   新建 SQL Server 用户

(3)测试。新建一个用户连接,以 SQL Server 身份认证登录,用户名为 qq,键入密码后登录 SQL Server 系统。但是将发现,无论是查询还是删除等操作,都将被禁止完成,同样是因为没有被授权。

5-2-2   通过命令方式建立 SQL Server 2005 安全用户

上一节在可视化环境下分别完成了 Windows 用户登录、sa 用户登录,以及 SQL Server 用户登录的 3 个实验,该系列实验的目的是完成 SQL Server 登录账户的管理工作。在进入下面的实验之前,先了解一下登录账户和数据库用户之间的区别和联系。

(1)登录账户是访问 SQL Server 的通行证,但并不能访问服务器中的数据库;即没有权限的数据库用户才是一个登录账户,而登录账户是成为数据库用户的前提。

(2)要访问特定的数据库必须要有用户名,用户名的信息存放在该数据库的 SysUsers 表中,该用户名是没有密码的,我们将这个可以访问数据库的用户名称为数据库用户。数据库用户是一个登录账户在某个数据库中的映射;一个登录账户可以同时与多个数据库发生关联;只有登录账户创建完成后,才能为其创建数据库用户名。

本节的重点依然是建立 SQL Server 登录账户,仅将实现的方式变为通过命令行的方式建立。具体实验步骤如下。

实验 4:授权 Windows 用户登录 SQL Server

可以利用系统存储过程 **sp_grantlogin** 实现 windows 用户登录授权,语法如下:

```
sp_grantlogin [@loginame =] 'login'
```

系统存储过程 **sp_revokelogin** 实现收回 windows 用户登录权限,语法如下:

```
sp_revokelogin [@loginame =] 'login'
```

系统存储过程 **sp_denylogin** 实现拒绝 windows 用户登录,语法如下:

```
sp_denylogin [@loginame =] 'login'
--管理 windows 用户和组需要使用 sp_grantlogin
EXEC sp_grantlogin 'TEACHER9\u1'
--删除 windows 登录
EXEC  sp_revokelogin 'TEACHER9\u1'
--拒绝 windows 登录
```

```
EXEC  sp_denylogin  'TEACHER9\u1'
--更改 windows 登录
EXEC sp_change_users_login 'TEACHER9\u1'
```

实验 5：创建 SQL Server 登录账户实验

可以利用系统存储过程 sp_addlogin 创建 SQL Server 登录账户，语法如下：

```
sp_addlogin [ @loginame = ] 'login'
  [ , [ @passwd = ] 'password' ]
  [ , [ @defdb = ] 'database' ]
  [ , [ @deflanguage = ] 'language' ]
  [ , [ @sid = ] sid ]
  [ , [ @encryptopt = ] 'encryption_option' ]
```

一般的语法书写格式如下所示：

```
sp_addlogin '用户名','密码' [,'登录用户使用的默认数据库']
```

例如：创建一个登录账户：名为 u3，密码为 u3，使用的默认数据库为 school。

```
EXEC sp_addlogin 'u3','u3','school'
```

注意：执行后将出现下列错误：密码有效性验证失败。该密码不够复杂，不符合 Windows 策略要求，要求密码的复杂度必须提高。更改后的代码如下所示：

```
EXEC sp_addlogin 'u3','123456','school'
```

实验 6：查看 SQL Server 登录账户

可以利用系统存储过程 sp_helplogins 查看 SQL Server 登录账户，该存储过程将提供有关每个数据库中的登录及相关用户的信息。语法如下：

```
sp_helplogins [ [ @LoginNamePattern = ] 'login' ]
```

需要注意的是，如果指定该参数，则'login'用户必须存在。如果未指定'login'，则返回有关所有登录的信息。

例如：查看 sa 用户的详细登录信息。

```
EXEC sp_helplogins 'sa'
```

执行结果如图 5-15 所示。

	LoginName	SID	DefDBName	DefLangName	AUser	ARemote
1	sa	0x01	Family	简体中文	yes	no

	LoginName	DBName	UserName	UserOrAlias
8	sa	Family	dbo	User
9	sa	Grade_Sys	db_owner	MemberOf
10	sa	Grade_Sys	dbo	User

图 5-15　sa 用户的详细登录信息

实验 7：修改 SQL Server 登录账户信息

系统存储过程 sp_defaultdb 可以更改 SQL Server 登录名的默认数据库，语法格式如下：

```
sp_defaultdb [ @loginame= ] 'login', [ @defdb= ] 'database'
```

系统存储过程 sp_defaultlanguage 可以更改 SQL Server 登录后的默认语言，但需要注意的是 SQL Server 2005 的后续版本将删除该功能，语法格式如下：

```
sp_defaultlanguage [ @loginame= ] 'login'  [ , [ @language= ] 'language' ]
```

系统存储过程 sp_password 可以更改 SQL Server 登录用户的登录密码，同样 SQL Server 2005 的后续版本将删除该功能，语法格式如下：

```
sp_password [ [ @old = ] 'old_password' , ] { [ @new =] 'new_password' }
[ , [ @loginame = ] 'login' ]
```

例 1. 将 u3 用户的默认数据库改为 school 数据库。

```
EXEC sp_defaultdb 'u3','school'
```

例 2. 将 u3 用户的默认语言改为法语。

```
EXEC sp_defaultlanguage 'u3', 'french'
```

例 3. 将 u3 用户的原始登录密码 u3 改为新的密码 1234。

```
EXEC sp_password 'u3', '1234','u3'
```

实验 8：删除 SQL Server 登录账户

系统存储过程 sp_droplogin 将删除某个已经注册的登录用户，其语法格式如下：

```
sp_droplogin [ @loginame= ] 'login'
```

例 4. 删除注册登录用户 u3。

```
EXEC sp_droplogin 'u3'
```

5-3   SQL Server 2005 权限管理

 学习目标

- 掌握用户和模式的分离，以及执行上下文概念的内涵。
- 掌握通过管理控制平台对用户进行授权。
- 掌握通过命令行对用户进行授权与收权。
- 掌握用户的角色概念，掌握对用户进行服务器角色授权技术，掌握通过命令形式对用户进行数据库角色授权。
- 学习应用程序角色的创建和使用。

用户登录 SQL Server 服务器之后，并不代表该用户可以访问所有数据库资源。一个 SQL Server 服务器上可以有很多个数据库，每个数据库里可以有很多个数据表。因此，不可能让每一个能登录 SQL Server 服务器的账户都能控制所有的数据库；即使在同一个数据库中，也不一定每个账户都能访问所有数据表，例如不同部门的人只能访问属于该部门的业务表；即使是同一个数据表，不同账户的访问权限可能也不尽相同，例如对某个数据表来说管理人员可以完全操作其中的数据，而普通人员只能查看这些数据。

5-3-1   用户权限概述

SQL Server 2005 中，权限可以分为两个方面，一个是对数据库服务器自身的控制权限，如创

建、修改、删除数据库，管理磁盘文件，添加、删除连接服务器等；另一个是对数据库数据方面的控制权限，如可以访问数据库中的哪些数据表、视图、存储过程等，或是对数据表执行哪些操作，是 insert，还是 update，或是 select 等。在 SQL Server 2005 中，可以把访问权限设置给用户或角色。

SQL Server 2005 又增加了两个新特性：其一是用户与数据库的模式被分离开来；其二是可以执行上下文。

1. 用户和模式的分离

模式是一个逻辑容器，可以在其中对数据库对象（表、存储过程、视图等）进行逻辑分组，这与 .NET 框架基类库中的命名空间是一样的。因为 SQL Server 中的一个模式也可能有一个所有者，因此可以指定在一个给定模式中的每个对象都拥有一个相同的所有者。SQL Server 2000 的实现模式并不很好：模式的名字与用户的名字是相同的。因此，在模式和数据库对象的所有者之间存在一个直接的关系，如图 5-16 所示。

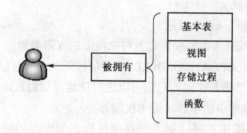

图 5-16　SQL Server 2000 中的用户和模式关系

而在 SQL Server 2005 中，模式成为数据库中一个单独的拥有名字和所有者的本机对象。这样的模式与用户不再存在关系，如图 5-17 所示。

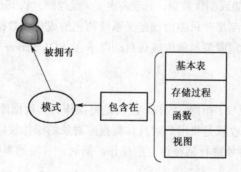

图 5-17　在 SQL Server 2005 中用户和模式分离开

2. 执行上下文

SQL Server 2005 的另外一个新特征是允许改变一个存储过程的执行上下文。可以通过用 EXECUTE AS 语句来改变执行上下文进而控制这些数据库对象是以哪些用户身份执行的。EXECUTE AS 语句支持下列选项：

EXECUTE AS CALLER
EXECUTE AS USER='user name'
EXECUTE AS SELF
EXECUTE AS OWNER

EXECUTE AS CALLER 是默认选项，这时一个存储过程是以调用用户的身份执行的。使用 EXECUTE AS USER 选项时，存储过程则用指定的用户身份执行。当使用 EXECUTE AS SELF 时，存储过程用创建者的身份执行。最后，可以使用 EXECUTE AS OWNER 来执行存储过程，其身份是该对象的所有者。

5-3-2 用户权限配置的实现

1. 用户权限有哪些

用户也就是使用 SQL Server 的人，每个用来登录数据库的账户都是一个用户。通过用户这个对象，可以设置数据库的使用权限。同一个数据库可以拥有多个用户，同一个用户也可以同时访问多个数据库。用户权限配置的根本是授予用户管理的权限，而管理权限包括授予或废除执行以下活动的用户权限：

（1）处理数据和执行过程（对象权限）。

● 处理数据或执行过程时需要的权限称为对象权限的权限类别。

● SELECT、INSERT、UPDATE 和 DELETE 语句权限，它们可以应用到整个表或视图上。

● SELECT 和 UPDATE 语句权限，它们可以选择性地应用到表或视图中的单个列上。

（2）创建数据库或数据库中的项目（语句权限）。

● 创建数据库或数据库中的项（如表或存储过程）所涉及的活动要求的一类权限称为语句权限。

（3）利用授予预定义角色的权限（暗示性权限）。

● 数据库对象所有者还有暗示性权限，可以对所拥有的对象执行一切活动。例如，拥有表的用户可以查看、添加或删除数据，更改表定义，或控制允许其他用户对表进行操作的权限。

● 暗示性权限可以控制那些只能由预定义系统角色的成员或数据库对象所有者执行的活动。例如，sysadmin 固定服务器角色成员自动继承在 SQL Server 安装中进行操作或查看的全部权限。

2. 用户权限的类别

用户权限的类别包括授权、拒绝、收权。授权是将操作具体数据库对象的具体操作类型授予特定的系统或自定义的用户；收权是将用户对具体数据库对象的操作权限收回；拒绝是使得系统或自定义的用户无法对数据库对象进行某种特定的操作。同时，权限的类别可以彼此转换，如图 5-18 所示。

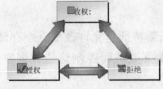

图 5-18 用户权限的类别图

实验 9：通过管理控制平台对用户进行授权

本节继承 5-2-1 节的实验内容，继续对建立的自定义用户 qq 进行授权工作。

（1）依次单击"对象资源管理器"窗口中树型节点前的"＋"号，直到展开目标数据库的"用户"节点为止，如图 5-19 所示。在"用户"节点下面的目标用户上右击，在弹出的快捷菜单中选择"属性（R）"命令。

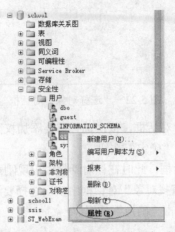

图 5-19　用对象资源管理器为用户添加对象权限

（2）弹出"数据库用户"对话框，选择"选择页"列表中的"安全对象"项，进入权限设置页面，单击"添加"按钮，如图 5-20 所示。

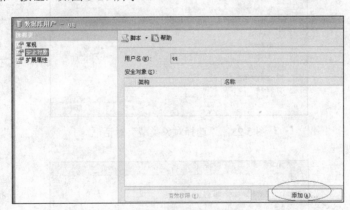

图 5-20　"数据库用户"对话框

（3）弹出"添加对象"对话框，如图 5-21 所示，单击要添加的对象类别前的单选按钮，添加权限的对象类别，然后单击"确定"按钮。

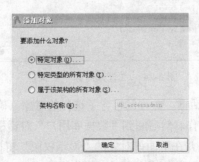

图 5-21　"添加对象"对话框

（4）弹出"选择对象"对话框，如图 5-22 所示，单击"对象类型"按钮。

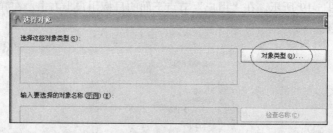

图 5-22   "选择对象"对话框

（5）弹出"选择对象类型"对话框，依次选择需要添加权限的对象类型前的复选框，选中其对象，如图 5-23 所示。最后单击"确定"按钮。

（6）回到"选择对象"对话框，此时在该对话框中出现刚才选择的对象类型，单击该对话框中的"浏览"按钮。在弹出的"查找对象"对话框中依次选择要添加权限的对象前的复选框，选中其对象，如图 5-24 所示。最后单击"确定"按钮。

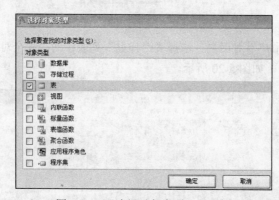

图 5-23   "选择对象类型"对话框

图 5-24   "查找对象"对话框

（7）回到"选择对象"对话框，并且已包含了选择的对象。确定无误后，单击该对话框中的"确定"按钮，完成对象选择操作。然后回到"数据库用户"对话框，此对话框中已包含用户添加的对象，依次选择每一个对象，并在下面该对象的"显示权限"窗口中根据需要选择"授予/拒绝"列的复选框，添加或禁止对该（表）对象的相应访问权限，如图 5-25 所示。

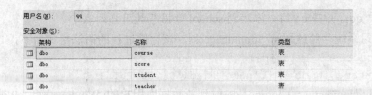

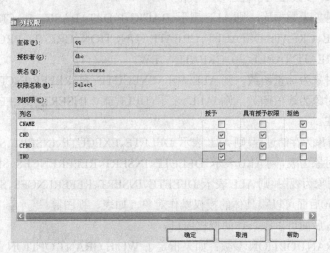

图 5-25　"数据库用户"对话框

在图 5-25 中，授予 qq 用户对 course 表具有修改、控制、插入和查询的权限，同时具有授予其他用户修改的权限，另外也拒绝 qq 用户删除 course 表信息的权限。对于 qq 用户的查询权限还可以进行更细致的设置工作，即当授予 select 权限后就可以单击"列权限"进行配置了。

（8）如图 5-26 所示，授予 qq 用户查询 CNO、CPNO、TNO 属性的权利，拒绝 qq 用户查询 CNAME 的权限。设置完每一个对象的访问权限后，单击"确定"按钮，完成给用户添加数据库对象权限的所有操作。

图 5-26　"列权限"对话框

实验 10：通过命令行对用户进行授权与收权

本节继承 5-2-1 节的实验内容，继续对建立的自定义用户 qq 进行授权工作。

1. 建立用户 qq，并将 qq 用户添加到 school 数据库的用户列表中

此步骤中学习系统存储过程 sp_grantdbaccess，该存储过程的语法格式如下：

```
sp_grantdbaccess [ @loginame = ] 'login'
    [ , [ @name_in_db = ] 'name_in_db' [ OUTPUT ] ]
```

其中，参数 [@loginame =] 'login ' 是映射到新数据库用户的 Windows 组、Windows 登录名或 SQL Server 登录名的名称；参数 [@name_in_db=] 'name_in_db' [OUTPUT] 是新数据库用户的名称。

```
EXEC sp_addlogin 'qq','123456','school'
--建立 qq 用户，密码为 123456，默认登录数据库为 school
use school
EXEC sp_grantdbaccess 'qq','qq'
--将 SQL Server 用户 qq 作为 school 数据库的用户出现，名称也叫 qq
```

2. 使得 QQ 用户在 school 数据库的用户列表中撤销

学习使用系统存储过程 sp_grantdbaccess，该存储过程将从当前数据库中删除数据库用户，但删除数据库用户时，依赖于该用户的权限和别名也会删除。语法格式如下：

```
sp_revokedbaccess [ @name_in_db = ] 'name'
```

其中，参数 [@name_in_db =] 'name' 是要删除的数据库用户名称。

```
EXEC sp_revokedbaccess 'qq'  --删除 school 数据库的用户'qq'
```

3. 通过关键词 GRANT 对 qq 用户进行授权

GRANT 语句的完整语法非常复杂，但其基本意义是将安全对象的权限授予特定用户主体。语法格式如下：

```
GRANT { ALL [ PRIVILEGES ] }
| permission [ ( column [ ,...n ] ) ] [ ,...n ]
[ ON [ class :: ] securable ] TO principal [ ,...n ]
[ WITH GRANT OPTION ] [ AS principal ]
```

（1）授予 ALL 参数相当于授予以下权限：

● 如果安全对象为数据库，则 ALL 表示 BACKUP DATABASE、BACKUP LOG、CREATE DATABASE、CREATE DEFAULT、CREATE FUNCTION、CREATE PROCEDURE、CREATE RULE、CREATE TABLE 和 CREATE VIEW。

● 如果安全对象为标量函数，则 ALL 表示 EXECUTE 和 REFERENCES。

● 如果安全对象为表值函数，则 ALL 表示 DELETE、INSERT、REFERENCES、SELECT 和 UPDATE。

● 如果安全对象为存储过程，则 ALL 表示 DELETE、EXECUTE、INSERT、SELECT 和 UPDATE。

● 如果安全对象为表，则 ALL 表示 DELETE、INSERT、REFERENCES、SELECT 和 UPDATE。

● 如果安全对象为视图，则 ALL 表示 DELETE、INSERT、REFERENCES、SELECT 和 UPDATE。

（2）关键词 on 后面可以跟具体的授权操作对象，如表、视图等。

（3）关键词 to 后面可以跟具体的授权用户。

（4）WITH GRANT OPTION 参数：如果指定了 WITH GRANT OPTION 子句，则获得某种权限的用户还可以把这种权限再授予其他的用户。如果没有指定 WITH GRANT OPTION 子句，则获得某种权限的用户只能使用该权限，但不能传播该权限。因此使用该参数也被称为"传播性授权"。

例 1. 为用户 qq 授予 STUDENT 表的查询权。

```
GRANT SELECT ON STUDENT TO qq
```

例 2．为用户 qq 授予 SCore 表的查询和插入记录权。

```
GRANT SELECT,INSERT ON SCore TO qq
```

例 3．授予 qq 创建数据库表的权限。

```
GRANT CREATE TABLE TO qq
```

例 4．授予 qq 和 guest 创建数据库表和视图的权限。

```
GRANT CREATE TABLE,CREATE VIEW TO qq,guest
```

例 5．授予 qq 对 school 数据库中的 student 表进行 INSERT、UPDATE 和 DELETE 的权限。WITH GRANT OPTION 表示 qq 用户也可以用这些语句来向其他用户授权。

```
GRANT INSERT, UPDATE, DELETE ON student TO qq WITH GRANT OPTION
```

例 6．将对 Student 表的所有权限都授予 qq 用户。

```
GRANT ALL PRIVILEGES ON  Student TO qq
```

例 7．将对 SCor 表的查询权限授予 PUBLIC 角色。

```
GRANT SELECT ON  SCore TO PUBLIC
```

例 8．将对 Student 表的部分修改和查询权限授予 qq。

```
GRANT UPDATE(Sno), SELECT(sno,sname) ON  Student TO  qq;
```

4．删除授权（REVOKE）和阻止授权（DENY）

REVOKE 语句可用于删除已授予的权限，DENY 语句可用于防止主体通过 GRANT 获得特定权限。授予权限将删除对所指定安全对象的相应权限的 DENY 或 REVOKE 权限。如果在包含该安全对象的更高级别拒绝了相同的权限，则 DENY 优先。但是，在更高级别撤消已授予权限的操作并不优先。语法格式与 GRANT 的基本语法结构和参数一致，此处不再复述。

例 9．收回用户 qq 对表 STUDENT 的查询权。

```
REVOKE SELECT ON STUDENT FROM qq
```

例 10．拒绝 qq 用户对 SCore 表进行更改。

```
DENY UPDATE ON SCore TO qq
```

例 11．收回 qq 创建数据库表的权限。

```
REVOKE CREATE TABLE FROM qq
```

例 12．拒绝 qq 创建视图的权限。

```
DENY CREATE VIEW TO qq
```

5-3-3　用户的角色

用上面的方式设置用户权限，看上去很直观很方便，然而一旦数据库的用户数很多的时候，设置权限的工作将会变得烦琐复杂。SQL Server 2005 里通过为角色设置权限解决这个问题。

角色是用来指定权限的一种数据库对象，每个数据库都有自己的角色对象，可以为每个角色设置不同的权限。利用角色，SQL Server 管理者可以将某些用户设置为某一角色，这样只要对角色进行权限设置便可以实现对所有用户权限的设置，大大减少了管理员的工作量。

SQL Server 2005 中，角色分为 3 种：服务器角色、数据库角色和应用程序角色。

1．服务器角色

服务器角色是指根据 SQL Server 的管理任务，以及这些任务相对的重要性等级来把具有 SQL Server 管理职能的用户划分为不同的用户组，每一组所具有的管理 SQL Server 的权限都是 SQL

Server 内置的。服务器角色存在于各个数据库之中。

SQL Server 2005 提供了 8 种常用的固定服务器角色，其具体含义如下：

- 系统管理员（sysadmin）：拥有 SQL Server 所有的权限许可。
- 服务器管理员（Serveradmin）：管理 SQL Server 服务器端的设置。
- 磁盘管理员（diskadmin）：管理磁盘文件。
- 进程管理员（processadmin）：管理 SQL Server 系统进程。
- 安全管理员（securityadmin）：管理和审核 SQL Server 系统登录。
- 安装管理员（setupadmin）：增加、删除连接服务器，建立数据库复制以及管理扩展存储过程。
- 数据库创建者（dbcreator）：创建数据库，并对数据库进行修改。
- 批量数据输入管理员（bulkadmin）：管理同时输入大量数据的操作。

实验 11：对用户进行服务器角色授权

本次实验继续对建立的自定义用户 qq 进行角色授权工作。

（1）展开"安全性"目录中的"登录名"窗口，在"登录名"节点下面右击，在弹出的快捷菜单中选择"新建登录名"命令。在弹出的登录名窗口中，除了设置用户名称和密码为 qq 外，在其"服务器角色"项目中设置 qq 用户的服务器角色为系统管理员（sysadmin），如图 5-27 所示。单击"确定"按钮后建立 qq 用户，并且该用户具有系统管理员的权限。

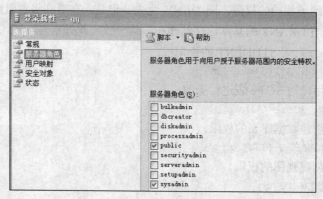

图 5-27　授予 qq 用户系统管理员的权限

（2）测试。使用 qq 用户登录 SQL Server，测试其操作权限。

2. 数据库角色

数据库角色是为某一用户或某一组用户授予不同级别的管理或访问数据库以及数据库对象的权限，这些权限是数据库专有的，并且可以使一个用户具有属于同一数据库的多个角色。

SQL Server 提供了两种类型的数据库角色：其一是固定的数据库角色，其二是用户自定义的数据库角色。

固定的数据库角色是指 SQL Server 已经定义了这些角色所具有的管理、访问数据库的权限，而且 SQL Server 管理者不能对其所具有的权限进行任何修改。SQL Server 中的每一个数据库中都有一组固定的数据库角色，在数据库中使用固定的数据库角色可以将不同级别的数据库管理工作分给不同的角色，从而有效地实现工作权限的传递。

SQL Server 提供了 10 种常用的固定数据库角色来授予数据库用户权限，具体内容如下：

- public：每个数据库用户都属于 public 数据库角色，当尚未对某个用户授予或拒绝对安全对象的特定权限时，则该用户将继承授予该安全对象的 public 角色的权限。
- db_owner：可以执行数据库的所有配置和维护活动。
- db_accessadmin：可以增加或者删除数据库用户、工作组和角色。
- db_ddladmin：可以在数据库中运行任何数据定义语言（DDL）命令。
- db_securityadmin：可以修改角色成员身份和管理权限。
- db_backupoperator：可以备份和恢复数据库。
- db_datareader：能且仅能对数据库中的任何表执行 select 操作，从而读取所有表的信息。
- db_datawriter：能够增加、修改和删除表中的数据，但不能进行 SELECT 操作。
- db_denydatareader：不能读取数据库中任何表的数据。
- db_denydatawriter：不能对数据库中的任何表执行增加、修改和删除数据操作。

实验 12：在管理平台下对用户进行数据库角色授权

依次按照 school 数据库→安全性→用户的顺序展开文件夹，右击 qq 用户，在弹出的快捷菜单中选择"属性"命令。在展开的数据库用户 qq 的管理平台中，授予 qq 用户 db_owner 的数据库操作权限，如图 5-28 所示。最后，以 qq 用户的身份登录测试权限的效用。

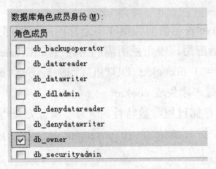

图 5-28　授予 qq 用户系统管理员的权限

实验 13：通过命令形式对用户进行数据库角色授权

（1）为数据库角色添加成员。基本语法为：

```
sp_addrolemember '角色名','用户名'
```

例 1．授予 GUEST 用户具有操作 db_datareader 的数据库角色。

```
Exec sp_addrolemember 'db_datareader','GUEST'
```

（2）为数据库角色删除成员。基本语法为：

```
sp_droprolemember '角色名','用户名'
```

例 2．取消 GUEST 用户具有操作 db_datareader 的数据库角色。

```
Exec sp_droprolemember 'db_datareader','GUEST'
```

（3）查看固定数据库角色。基本语法为：

```
sp_helpdbfixedrole
```

例 3．查看当前数据库的角色。

```
exec sp_helpdbfixedrole
```

3. 应用程序角色

应用程序角色是特殊的数据库角色，用于允许用户通过特定应用程序获取特定数据。应用程序角色不包含任何成员，而且在使用它们之前要在当前连接中将它们激活。激活一个应用程序角色后，当前连接将丧失它所具备的特定用户权限，只获得应用程序角色所拥有的权限。

实验 14：应用程序角色的创建和使用

（1）建立应用程序角色。基本语法为：

```
CREATE APPLICATION ROLE '角色名' [WITH PASSWORD = '自定义密码'];
```

例 1. 建立应用程序角色 FinancialRole，设置登录密码为 123456。

```
CREATE APPLICATION ROLE FinancialRole WITH PASSWORD = '123456';
```

（2）使用应用程序角色。应用程序角色在使用之前必须激活。可以通过执行 sp_setapprole 系统存储过程来激活应用程序角色。在连接关闭或执行系统存储过程 sp_unsetapprole 之前，被激活的应用程序角色都将保持激活状态。虽然应用程序角色旨在由客户的应用程序使用，但同样可以在 T-SQL 批处理中使用它们。系统存储过程 sp_setapprole 的基本语法格式如下：

```
sp_setapprole [ @rolename = ] 'role', [ @password = ] { encrypt N'password' }|
        'password' [ , [ @encrypt = ] { 'none' | 'odbc' } ] [ , [ @fCreateCookie
= ] true | false ]
        [ , [ @cookie = ] @cookie OUTPUT ]
```

其中，[@rolename =] 'role'表示当前数据库中定义的应用程序角色的名称；[@password =] { encrypt N'password' }表示激活应用程序角色所需的密码；[@fCreateCookie =] true | false 指定是否要创建 cookie；[@cookie =] @cookie OUTPUT 指定包含 cookie 的输出参数，只有当 @fCreateCookie 的值为 true 时，才生成 cookie。

在使用 sp_setapprole 系统存储过程参数特性时，为了保证安全性，必须在 sp_setapprole 使用一个选项来返回一个 cookie。这个 cookie 是 sp_unsetapprole 需要的，这样可以禁止用户任意调用 sp_unsetapprole。

以下存储过程演示了如何激活应用程序角色 FinancialRole 并解除这个操作。

例 2. 取消 GUEST 用户具有操作 db_datareader 的数据库角色。

```
DECLARE @theCookie varbinary(256)
EXEC sp_setapprole 'FinancialRole', '123456',
     @fCreateCookie = true, @cookie = @theCookie OUTPUT
-- 检查当前用户,该用户应该为 FinancialRole
SELECT USER_NAME()
-- 下面释放被激活的应用程序角色 FinancialRole
EXEC sp_unsetapprole @theCookie
-- 再次检查当前用户,该用户应该为系统默认用户 dbo
SELECT USER_NAME()
GO
```

（3）删除应用程序角色。如果需要删除应用程序角色，可以使用 DROP APPLICATION ROLE 语句。

例 3.

```
DROP APPLICATION ROLE FinancialRole
```

5-4　SQL Server 2005 密码策略和证书

学习目标

- 了解加密技术的历史，了解对称加密技术，非对称加密技术和数字证书的概念。
- 学习 SQL Server 2005 数据加密技术和加密各级别密钥的层次架构。
- 掌握备份服务主密钥和恢复服务主密钥基本语法。
- 掌握创建、备份、恢复、删除数据库主密钥。
- 掌握创建、修改、删除、SQL Server 2005 数字证书，并可以使用 SQL Server 2005 数字证书加密/解密数据。
- 掌握使用对称密钥加解密 SQL Server 2005 的数据的方法。
- 掌握使用非对称密钥加解密 SQL Server 2005 的数据的方法。

SQL Server 2005 的升级，特别是在安全性方面的升级主要体现在其密码策略和证书的考虑上面，即强化了密码的加密技术设置，这点在以前的 SQL Server 版本中是没有的。

5-4-1　加密技术概述

加密技术源于人类战争中对军事信息的保密需要，古时被称为隐写术（steganography），即通过隐藏消息的存在来保护消息。所谓加密，就是用基于数学方法的程序和保密的密钥对信息进行编码，把计算机数据变成一堆杂乱无章难以理解的字符串，也就是把明文变成密文，如图 5-29 所示。

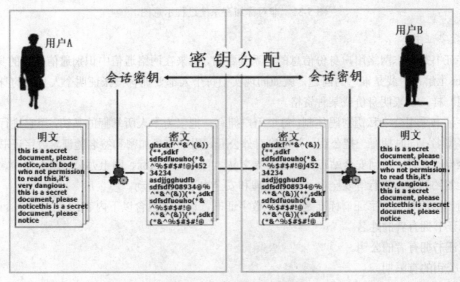

图 5-29　加解密过程示意图

加密技术的发展分为三个阶段：第一阶段在 1949 年之前，此时密码学是一门艺术；第二阶段是在 1949—1975 年，密码学成为科学；第三阶段是在 1976 年以后，密码学开始向公钥密码学方向发展，目前主要的加密技术分为对称加密技术和非对称加密技术两种。

1. 对称加密系统

对称加密系统的基本加密过程是：首先，发送方用自己的私有密钥对要发送的信息进行加密；其次，发送方将加密后的信息通过网络传送给接收方；最后，接收方用发送方进行加密的那把私有密钥对接收到的加密信息进行解密，得到信息明文。对称加密的基本原理如图 5-30 所示。

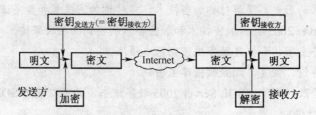

图 5-30   对称加密系统过程示意图

2. 非对称加密系统

非对称加密系统属于公开密钥加密系统，其加密模式过程是：首先，发送方用接收方公开密钥对要发送的信息进行加密；其次，发送方将加密后的信息通过网络传送给接收方；最后，接收方用自己的私有密钥对接收到的加密信息进行解密，得到信息明文。非对称加密的基本原理如图 5-31 所示。

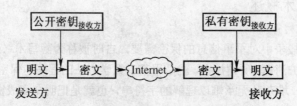

图 5-31   非对称加密系统过程示意图

3. 数字证书

数字证书是标志网络用户身份信息的一系列数据，用来在网络通信中识别通信各方的身份，即在 Internet 上解决"我是谁"的问题，就如同现实中每个人都要拥有一张证明个人身份的身份证或驾驶执照一样，以表明身份或某种资格。

数字证书采用公－私钥密码体制，每个用户拥有一把仅为本人所掌握的私钥，用它进行信息解密和数字签名；同时拥有一把公钥，并可以对外公开，用于信息加密和签名验证。数字证书可用于发送安全电子邮件、访问安全站点、网上证券交易、网上采购招标、网上办公、网上保险、网上税务、网上签约和网上银行等安全电子事务处理和安全电子交易活动。

目前国际流行的数字证书标准是 X.509 数字证书，该证书包含以下内容：

● 证书拥有者的姓名。

● 证书拥有者的公钥。

● 公钥的有限期。

● 颁发数字证书的单位。

- 颁发数字证书单位的数字签名。
- 数字证书的序列号等。

如图 5-32 所示为通过 Internet 查看具体数字证书的过程。

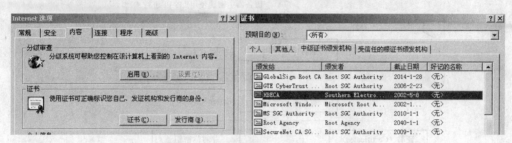

图 5-32　查看 Windows 下的数字证书

5-4-2　SQL Server 2005 数据加密技术

数据是一切软件应用技术研发的基础，是信息技术的根基。但是在 SQL Server 2000 认证保护时代，有太多的实践方法证明可以绕过 SQL Server 2000 直接获取数据，最简单的是通过使用没有口令的 sa 账号。尽管 SQL Server 2005 远比它以前的版本安全，但攻击者还是有可能获得存储的数据。因此，数据加密成为更彻底的数据保护战略，即使攻击者得以存取数据，还不得不解密，因而对数据增加了一层保护。

SQL Server 2000 以前的版本没有内置数据加密功能，若要在 SQL Server 2000 中进行数据加密，不得不买第三家产品，然后在服务器外部作 COM 调用或者是在数据送服务器之前在客户端的应用中执行加密。这意味着加密的密钥或证书不得不由加密者自己负责保护，而保护密钥是数据加密中最难的事，所以即使很多应用中数据已被很强地加密过，数据保护仍然很弱。

SQL Server 2005 通过将数据加密作为数据库的内在特性解决了这个问题。它除了提供多层次的密钥和丰富的加密算法外，最大好处是用户可以选择数据服务器管理密钥。SQL Server 2005 服务器支持的加密算法如下：

1. 对称式加密（Symmetric Key Encryption）

对称式加密方式对加密和解密使用相同的密钥。通常这种加密方式在应用中难以实施，因为用同一种安全方式共享密钥很难。当数据储存在 SQL Server 中时，这种方式很理想，可以让服务器管理它。SQL Server 2005 提供 RC4、RC2、DES 和 AES 系列加密算法。

2. 非对称密钥加密（Asymmetric Key Encryption）

非对称密钥加密使用一组公共/私人密钥系统，加密时使用一种密钥，解密时使用另一种密钥。公共密钥可以广泛地共享和透露。当需要用加密方式向服务器外部传送数据时，这种加密方式更方便。SQL Server 2005 支持 RSA 加密算法以及 512 位、1024 位和 2048 位的密钥强度。

3. 数字证书（Certificate）

数字证书是一种非对称密钥加密，但是，一个组织可以使用证书并通过数字签名将一组公钥和私钥与其拥有者相关联。SQL Server 2005 支持"因特网工程工作组"（IETF）X.509 版本 3（X.509v3）规范。一个组织可以对 SQL Server 2005 使用外部生成的证书，或者可以使用 SQL Server 2005 生成证书。

SQL Server 2005 采用多级密钥来保护它内部的密钥和数据，如图 5-33 所示。

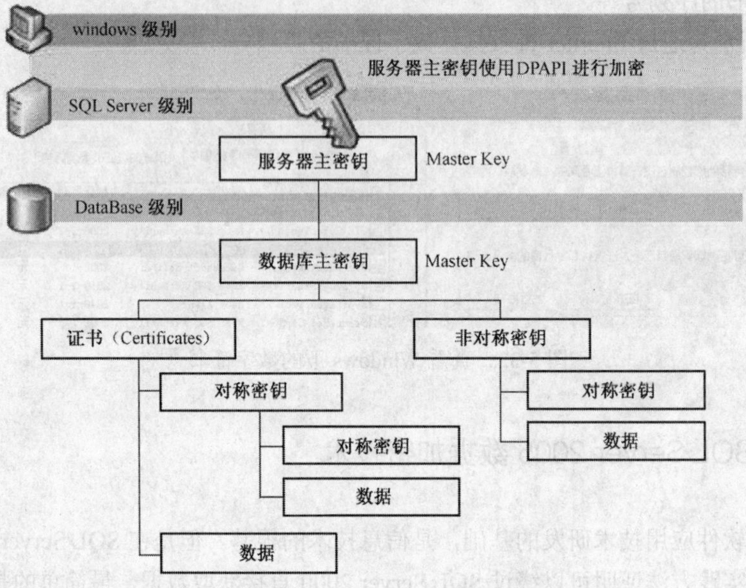

图 5-33   用来加密各级别密钥的层次架构图

图 5-33 中服务主密钥（Service Master Key）保护数据库主密钥（Database Master Keys），而数据库主密钥又保护证书（Certificates）和非对称密钥（Asymmetric Keys），最底层的对称性密钥（Symmetric Keys）被证书、非对称密钥或其他的对称性密钥保护，用户只需通过提供密码来保护这一系列的密钥。

顶层的服务主密钥是在安装 SQL Server 2005 新实例时自动产生和安装的，用户不能删除此密钥，但数据库管理员能对它进行基本的维护，如备份该密钥到一个加密文件，当其危及到安全时更新它，恢复它。

服务主密钥由 DPAPI（Data Protection API）管理。DPAPI 在 Windows 2000 中引入，建立于 Windows 的 Crypt32 API 之上。SQL Server 2005 管理与 DPAPI 的接口，服务主密钥本身是对称式加密，用来加密服务器中的数据库主密钥。

数据库主密钥与服务主密钥的不同之处在于加密数据库中的数据之前,必须由数据库管理员创建数据库主密钥。通常管理员在产生数据库主密钥时会提供一个口令，该口令和服务主密钥一起加密数据库主密钥。如果有足够的权限，用户可以在需要时显示或自动地打开该密钥。在进行 SQL Server 安全性密钥的加密选择时，基本的区别如表 5-3 所示。

表 5-3   SQL Server 安全性密钥的加密选择

保密类型	可以使用的加密方法	多个可能的加密
（数据库）主密钥	密码（1 个或多个），服务主密钥（默认的，但它是可选的，并且可以被删除）	是
证书（私有密钥）	数据库主密钥，密码	否
非对称密钥（私有密钥）	数据库主密钥，密码	否
对称密钥	密码，证书，非对称密钥，对称密钥	是

5-4-3　SQL Server 2005 的服务主密钥

当第一次需要使用数据库主密钥进行加密时，便会自动生成服务主密钥。服务主密钥为 SQL Server 加密层次结构的根。服务主密钥直接或间接地保护树中的所有其他密钥和机密内容。使用本地计算机密钥和 Windows 数据保护 API 对服务主密钥进行加密。该 API 使用从 SQL Server 服务账户的 Windows 凭据中派生出来的密钥。

1. 备份服务主密钥

由于服务主密钥是自动生成且由系统管理的，它只需要很少的管理，并且服务主密钥是 SQL Server 自动生成的，因此它没有对应的 CREATE 和 DROP 语句。服务主密钥可以通过 BACKUP SERVICE MASTER KEY 语句来备份，格式为：

```
BACKUP SERVICE MASTER KEY TO FILE = 'path_to_file'
ENCRYPTION BY PASSWORD = 'password'
```

其中，参数 FILE = 'path_to_file'指定要将服务主密钥导出到的文件的完整路径（包括文件名），此路径可以是本地路径，也可以是网络位置的 UNC 路径；参数 PASSWORD = 'password'是用于对备份文件中的服务主密钥进行加密的密码，此密码应通过复杂性检查。

应当对服务主密钥进行备份，并将其存储在另外一个单独的安全位置。创建该备份应该是首先在服务器中执行的管理操作之一。

例 1.

```
BACKUP SERVICE MASTER KEY TO FILE = 'c:\service_master_key.txt'
ENCRYPTION BY PASSWORD = '123456';
```

2. 恢复服务主密钥

如果需要从备份文件中恢复服务主密钥，使用 RESTORE SERVICE MASTER KEY 语句，基本语法格式为：

```
RESTORE SERVICE MASTER KEY FROM FILE = 'path_to_file'
DECRYPTION BY PASSWORD = 'password' [FORCE]
```

其中，参数 FORCE 指即使存在数据丢失的风险，也要强制替换服务主密钥。但需要注意的是，如果在使用 RESTORE SERVICE MASTER KEY 时不得不使用 FORCE 选项，可能会遇到部分或全部加密数据丢失的情况。

例 2.

```
RESTORE SERVICE MASTER KEY FROM FILE = 'c:\service_master_key.txt'
DECRYPTION BY PASSWORD = '123456'
```

5-4-4　SQL Server 2005 的数据库主密钥

正如每个 SQL Server 有一个服务主密钥一样，每个数据库都有自己的数据库主密钥。但与服务主密钥不同的是，数据库主密钥需要由管理员进行创建，系统不提供主动创建的功能。

1. 创建数据库主密钥

数据库主密钥通过 CREATE MASTER KEY 语句生成，其基本语法格式如下：

CREATE MASTER KEY ENCRYPTION BY PASSWORD = 'password'

例 1.
```
USE SCHOOL
GO
CREATE MASTER KEY ENCRYPTION BY PASSWORD = '123456'
```
这个语句创建数据库 school 的主密钥，使用指定的密码加密它，并保存在数据库中。同时，数据库主密钥也在用于服务主密钥加密之后保存在 master 数据库中，这就是所谓的"自动密钥管理"。

2. 备份数据库主密钥

备份数据库主密钥可以通过使用 BACKUP MASTER KEY 语句进行，基本语法格式如下：
```
BACKUP MASTER KEY TO FILE = 'path_to_file'
ENCRYPTION BY PASSWORD = 'password'
```
例 2.
```
BACKUP MASTER KEY TO FILE = 'c:\database_master_key.txt'
ENCRYPTION BY PASSWORD = '123456'
```

3. 恢复数据库主密钥

恢复数据库主密钥使用 RESTORE MASTER KEY 语句，它需要使用 DECRYPTION BY PASSWORD 子句提供备份时指定的加密密码，还要使用 ENCRYPTION BY PASSWORD 子句来确认创建该数据库主密码时的密码，SQL Server 使用它提供的密码来加密数据库主密钥之后保存在数据库中。基本语法格式如下：
```
RESTORE MASTER KEY FROM FILE = 'path_to_file'
DECRYPTION BY PASSWORD = 'password'
ENCRYPTION BY PASSWORD = 'password'
[ FORCE ]
```
建议在创建数据库主密钥之后立即备份数据库主密钥，并把它保存到一个安全的地方。同样，使用 FORCE 语句可能导致已加密数据的丢失。

例 3.
```
RESTORE MASTER KEY FROM FILE = 'c:\database_master_key.txt'
DECRYPTION BY PASSWORD = '123456'
ENCRYPTION BY PASSWORD = '123456'
```

4. 删除数据库主密钥

要删除数据库主密钥，可以使用 DROP MASTER KEY 语句，它删除当前数据库的主密钥。在执行之前，确定在正确的数据库上下文中。

例 4.
```
DROP MASTER KEY
```

5-4-5 SQL Server 2005 的数字证书

当配置好服务主密钥和数据库主密钥后，就可以着手创建 SQL Server 2005 的数字证书。SQL Server 可以创建自签名的 X.509 证书，该证书的实现是通过 CREATE CERTIFICATE 语句来实现的。

1. 创建 SQL Server 2005 数字证书

创建 SQL Server 2005 数字证书的具体语法格式如下：
```
CREATE CERTIFICATE certificate_name [ AUTHORIZATION user_name ]
    { FROM <existing_keys> | <generate_new_keys> }
```

```
    [ ACTIVE FOR BEGIN_DIALOG = { ON | OFF } ]
<existing_keys> ::=
    ASSEMBLY assembly_name
    | { [ EXECUTABLE ] FILE = 'path_to_file'
       [ WITH PRIVATE KEY ( <private_key_options> ) ]}
<generate_new_keys> ::=
    [ ENCRYPTION BY PASSWORD = 'password']
    WITH SUBJECT = 'certificate_subject_name'
    [ , <date_options> [ ,...n ] ]
<private_key_options> ::=
    FILE = 'path_to_private_key'
    [ , DECRYPTION BY PASSWORD = 'password' ]
    [ , ENCRYPTION BY PASSWORD = 'password' ]
<date_options> ::=
    START_DATE = 'mm/dd/yyyy' | EXPIRY_DATE = 'mm/dd/yyyy'
```

CREATE CERTIFICATE 语句虽然有这么多的选项,但幸运的是大多数时候只用到很少的选项。下面的案例将创建一个用密码保护的数字证书。

例 1.

```
CREATE CERTIFICATE TestCertificate
ENCRYPTION BY PASSWORD = '123456'
WITH SUBJECT = 'This is a test certificate',
START_DATE = '12/28/2009',
EXPIRY_DATE = '1/1/2010';
```

如果不使用 ENCRYPTION BY PASSWORD 子句,证书将使用数据库主密钥来保护。如果不指定 START_DATE 子句,将使用执行此命令的日期来填写证书的 Start Date 字段。

2. 修改 SQL Server 2005 数字证书

修改 SQL Server 2005 数字证书的具体语法格式如下:

```
ALTER CERTIFICATE certificate_name
    REMOVE PRIVATE KEY
    | WITH PRIVATE KEY ( <private_key_spec> [ ,... ] ) |
    WITH ACTIVE FOR BEGIN DIALOG = [ ON | OFF ]
<private_key_spec> ::=
    FILE = 'path_to_private_key'
    | DECRYPTION BY PASSWORD = 'key_password'
    | ENCRYPTION BY PASSWORD = 'password'
```

下面的案例将修改上面案例中所创建的数字证书信息。

例 2. 更改数字证书的密码。

```
ALTER CERTIFICATE TestCertificate
WITH PRIVATE KEY
(DECRYPTION BY PASSWORD = '123456',
 --指定解密私钥所需的密码是123456
ENCRYPTION BY PASSWORD = '654321'
 --指定用于对数据库中的证书私钥进行加密的密码。此密码受密码复杂性策略约束
);
```

3. 删除 SQL Server 2005 数字证书

删除 SQL Server 2005 数字证书的语法较为简单,格式如下:

```
DROP CERTIFICATE certificate_name
```

例 3.

```
DROP CERTIFICATE TestCertificate
```

4. 使用 SQL Server 2005 数字证书加密/解密数据

通过内置的函数 EncryptByCert、DecryptByCert 和 Cert_ID,可以使用证书来加密和解密数据。

(1) Cert_ID 函数。Cert_ID 函数得到指定名字的证书的 ID。格式为:

```
Cert_ID ( 'cert_name' )    --cert_name 为证书的名字
```

例 4.

```
select Cert_ID('TestCertificate')
```

(2) EncryptByCert 函数。EncryptByCert 函数是指使用数字证书的公钥加密数据。只能使用相应的私钥对加密文本进行解密。此类非对称转换比使用对称密钥进行加密和解密的方法开销更大。建议在处理大型数据集(如多个表中的用户数据)时不使用非对称加密。格式为:

```
EncryptByCert ( certificate_ID , { 'cleartext' | @cleartext } )
```

该函数基本参数的含义是:certificate_ID 为通过 Cert_ID 函数得到的证书 ID;cleartext 为要加密的明文,类型为 nvarchar、char、varchar、binary、varbinary 或 nchar。EncryptByCert 函数的返回值是最大大小为 8,000 个字节的 varbinary。

下面的案例使用名为 TestCertificate 的数字证书对某明文进行加密,加密的数据插入表 student 中。经过数字证书加密后的信息如图 5-34 所示。

图 5-34   数字证书加密后的明文信息

例 5.

```
INSERT INTO student(sno,sname)
values( 998, EncryptByCert(Cert_ID('TestCertificate'), '张飞绣花爱美丽') );
```

(3) DecryptByCert 函数。DecryptByCert 函数指用证书的私钥解密数据,基本语法格式为:

```
DecryptByCert (certificate_ID , { 'ciphertext' | @ciphertext }
         [ , { 'cert_password' | @cert_password } ] )
```

其中,参数 ciphertext 是已用证书的公钥加密的数据的字符串,而 cert_password 是用来加密证书私钥的密码。特别需要说明的是,无论是已经加密的字符串信息,还是加密证书的私钥密码,都必须为 Unicode 字符类型,否则解密将出现查询为空值的现象。

实验 15:利用数字证书加密和解密数据

本实验将利用数字证书技术,对临时明文数据进行加密,然后再对加密后的密文信息进行解密,以期达到对数字证书加解密过程的深入理解。

```
--案例:使用证书加密数据。
--首先建立测试数据表
CREATE TABLE tb(ID int IDENTITY(1,1),data varbinary(8000));
```

```
GO
--建立当前数据库的主密钥
CREATE MASTER KEY ENCRYPTION BY PASSWORD = '123456'
--建立证书一，该证书使用数据库主密钥来加密
CREATE CERTIFICATE Cert_Demo1
WITH
  SUBJECT=N'cert1 encryption by database master key',
  START_DATE='2009-12-28',
  EXPIRY_DATE='2010-12-31'
GO
--建立证书二，该证书使用密码来加密
  CREATE CERTIFICATE Cert_Demo2
  ENCRYPTION BY PASSWORD='qianshao123'
  WITH
  SUBJECT=N'cert2 encrption by password',
  START_DATE='2009-12-28',
  EXPIRY_DATE='2010-12-31'
GO
--此时，两个证书已经建立完，现在可以用这两个证书对数据加密
--在对表 tb 做 INSERT 时，使用 ENCRYPTBYCERT 加密
INSERT tb(data)
  SELECT ENCRYPTBYCERT(CERT_ID(N'Cert_Demo1'),
  N'这是证书 1 加密的内容-IamQianShao');
  --使用证书 1 加密
INSERT tb(data)
  SELECT ENCRYPTBYCERT(CERT_ID(N'Cert_Demo2'),
  N'这是证书 2 加密的内容-IamQianShao');
  --使用证书 2 加密
--提示：N' 是 Unicode 编码的意思，一般来说，英文字符由一个字节组成，但是国际上的字太多了，
因此就用两个字节来表示字符，满足国际化的需要
  --已经对数据加密保证了，现在 SELECT 看看
SELECT * FROM tb ;
--对内容进行解密显示
--解密时，使用 DECRYPTBYCERT
SELECT
证书 1 解密=CONVERT(NVARCHAR(50),DECRYPTBYCERT(CERT_ID(N'Cert_Demo1'),data)),
      --使用证书 2 解密时，要指定 DECRYPTBYCERT 的第三个参数，
      --因为在创建时，指定了 ENCRYPTION BY PASSWORD。
      --所以这里要通过这个密码来解密,否则解密失败
      证书 2 解密=CONVERT(NVARCHAR(50),DECRYPTBYCERT(CERT_ID(N'Cert_Demo2'),
                    data,N'qianshao123'))
FROM tb ;
--可以看到，因为第 2 条记录是证书 2 加密的，所以使用证书 1 将无法解密，所以返回 NULL
/*
证书 1 解密                                          证书 2 解密
--------------------------------------------------------------------------
这是证书 1 加密的内容-liangCK                                  NULL
NULL                                        这是证书 2 加密的内容-liangCK
```

```
(2 行受影响)
*/GO
--删除测试证书与数据表
DROP CERTIFICATE Cert_Demo1;
DROP CERTIFICATE Cert_Demo2;
DROP TABLE tb;
GO
```

5-4-6　使用对称密钥加解密 SQL Server 2005 的数据

可以通过使用 CREATE SYMMETRIC KEY 语句实现对称密钥的加解密工作，当然也可以使用证书来创建用来在数据库中进行加密和解密的对称密钥。具体语法格式如下：

```
CREATE SYMMETRIC KEY key_name [ AUTHORIZATION owner_name ]
    WITH <key_options> [ , ... n ]
    ENCRYPTION BY <encrypting_mechanism> [ , ... n ]
<encrypting_mechanism> ::=
    CERTIFICATE certificate_name |
    PASSWORD = 'password' |
    SYMMETRIC KEY symmetric_key_name |
    ASYMMETRIC KEY asym_key_name
<key_options> ::=
    KEY_SOURCE = 'pass_phrase' |
    ALGORITHM = <algorithm> |
    IDENTITY_VALUE = 'identity_phrase'
<algorithm> ::=
DES | TRIPLE_DES | RC2 | RC4 | DESX | AES_128 | AES_192 | AES_256
```

1．加密算法

加密算法定义了如何使用密钥对数据进行加密。可以提供的加密算法有 9 种，分别是 DES、TRIPLE_DES、RC2、RC4、RC4_128、DESX、AES_128、AES_192 和 AES_256，它们的速度和强度各自不同。如 DES 算法为美国政府 1976 年使用的加密算法，目前计算机已经可以在 24 小时将其破解。高级加密标准（AES，也称为 Rijneqel 算法）于 2001 年 11 月获得美国国家标准和技术协会（NIST）的批准。这些算法名称中的 128、192、256 指的是密钥的长度（单位为位）。在目前的 SQL Server 中，最强的加密算法是 AES_256。

注意：加密算法的操作系统使用范围。SQL Server 是利用 Windows 提供的加密算法，因此 SQL Server 无法支持使用在 Windows 中没有安装的加密算法。Windows XP 和 Windows2000 不支持 AES。

在 SQL Server 加密过程中，通过 ALGORITHM 参数来具体决定使用什么样的加密算法。

同 CREATE CERTIFICATE 语句一样，CREATE SYMMETRIC KEY 语句相当灵活。多数情况下，只需使用少量的选项。下例的案例将使用前节中创建的证书来加密并创建一个对称密钥。

例 1．

```
CREATE SYMMETRIC KEY TestSymmetricKey
WITH ALGORITHM = TRIPLE_DES
ENCRYPTION BY CERTIFICATE TestCertificate;
```

2. 使用对称密钥加密数据

SQL Server 使用下面的函数进行对称密钥加密：EncryptByKey、DecryptByKey 和 Key_GUID。

（1）Key_GUID 返回特定对称密钥的 GUID。语法为：

```
Key_GUID( 'Key_Name' )
```

（2）EncryptByKey 为对称密钥加密函数,但要使用对称密钥,首先要通过"OPEN SYMMETRIC KEY 对称密钥名"打开对称加密密钥。在进行解密后，通过"CLOSE SYMMETRIC KEY 对称密钥名"关闭密钥，及时关闭密钥是一种良好的编程习惯。语法为：

```
EncryptByKey( key_GUID, {'cleartext' | @cleartext }[,{add_authenticator |
@add_authenticator} , { authenticator | @authenticator } ] )
```

其中，Key_GUID 是对称密钥的 GUID，cleartext 为明文，Add_authenticator 和 authenticator 指示是否使用验证器来禁止对加密字段进行整个值替换。

（3）DecryptByKey 为对称密钥解密函数，语法为：

```
DecryptByKey({'ciphertext'|@ciphertext}[,add_authenticator,{authenticator|@
authenticator}])
```

DecryptByKey 做 EncryptByKey 相反的事情，它解密先前使用 EncryptByKey 加密的数据。

下面的代码演示使用对称密钥来加密和解密。

例 2．本案例将使用对称密钥加密数据，对称密钥又使用证书来加密。

```
create database mydb
--创建测试数据表 tb，注意需要加密的数据项最好设置为 varbinary 类型，因为任何字符串加密后
都将以 varbinary 形式保存在计算机的磁盘中。这也是实验成败的关键点
use mydb
CREATE TABLE tb(ID int IDENTITY(1,1),data varbinary(8000));
GO
--建立证书，该证书用于加密对称密钥
CREATE CERTIFICATE Cert_Demo
ENCRYPTION BY PASSWORD=N'qianshao123'
WITH
  SUBJECT=N'cert encryption by password',
  START_DATE='2010-01-11',
  EXPIRY_DATE='2010-01-20'
GO
--建立对称密钥
CREATE SYMMETRIC KEY Sym_Demo
WITH
  ALGORITHM=DES  --使用 DES 加密算法
ENCRYPTION BY CERTIFICATE Cert_Demo --使用 Cert_Demo 证书加密
GO
--要使用 Sym_Demo 对称密钥。必须使用 OPEN SYMMETRIC KEY 来打开它
OPEN SYMMETRIC KEY Sym_Demo
  DECRYPTION BY CERTIFICATE Cert_Demo
    WITH PASSWORD=N'qianshao123'
--插入加密数据
INSERT tb(data)
SELECT ENCRYPTBYKEY(KEY_GUID(N'Sym_Demo'),N'这是加密的数据,能显示出来吗?')
```

```
--关闭密钥
CLOSE SYMMETRIC KEY Sym_Demo
--插入完加密数据，现在使用 SELECT 来查询一下数据
SELECT * FROM tb
GO
--现在来解密此数据。同样，还是要先打开对称密钥
OPEN SYMMETRIC KEY Sym_Demo
    DECRYPTION BY CERTIFICATE Cert_Demo
        WITH PASSWORD=N'qianshao123'

SELECT CONVERT(NVARCHAR(50),DECRYPTBYKEY(data))  --这里可见，数据已经解密出来了
FROM tb
--完成事务后及时关闭密钥是一种良好的编程习惯
CLOSE SYMMETRIC KEY Sym_Demo
GO

--删除测试
DROP SYMMETRIC KEY Sym_Demo
DROP CERTIFICATE Cert_Demo
DROP TABLE tb
```

5-4-7　使用非对称密钥加解密 SQL Server 2005 的数据

　　非对称密钥加密使用一组公共/私人密钥系统，加密时使用一种密钥，解密时使用另一种密钥。公共密钥可以被广泛地共享和透露。当需要用加密方式向服务器外部传送数据时，这种加密方式更加方便。SQL Server 2005 支持的非对称加密算法有 RSA_512、RSA_1024 和 RSA_2048，这些算法的差异在于私钥的长度。与对称密钥不同的是，非对称密钥加密时并不需要数字证书的辅助加密，就可以实施对数据进行加密，主要差异如图 5-35 所示。

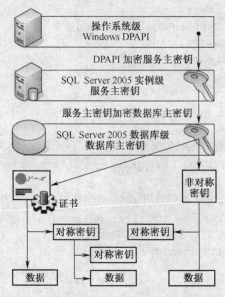

图 5-35　非对称密钥和对称密钥之间的主要差异对照图

具体语法格式如下：

```
CREATE ASYMMETRIC KEY Asym_Key_Name
[ AUTHORIZATION database_principal_name ]
{FROM <Asym_Key_Source> |WITH ALGORITHM ={RSA_512 | RSA_1024 | RSA_2048 }}
ENCRYPTION BY PASSWORD = 'password'
<Asym_Key_Source>::=FILE = 'path_to_strong-name_file'
|EXECUTABLE FILE = 'path_to_executable_file'  |ASSEMBLY Assembly_Name
```

下面的代码演示使用非对称密钥加密和解密的全过程。

例 1. 本案例将使用非对称密钥加密数据，同时介绍利用非对称密钥进行解密的全过程。

```
--建立 testdb 数据库
create database testdb
--1. 创建非对称密钥
CREATE ASYMMETRIC KEY asy_TestKey WITH ALGORITHM = RSA_1024
ENCRYPTION BY PASSWORD = '123456'
GO
--查询系统中目前非对称密钥的情况
SELECT * FROM sys.asymmetric_keys

--2. 创建示例表
USE testdb
CREATE TABLE test( EmpID int, Title nvarchar(50), Salary varbinary(500))
GO

--3. 向表中插入数据，并对 Salary 列的数据进行加密
INSERT INTO test VALUES
(1, 'CEO',EncryptByAsymKey(AsymKey_ID('asy_TestKey'),'20000'))
INSERT INTO test VALUES
(2, 'Manager',EncryptByAsymKey(AsymKey_ID('asy_TestKey'),'10000'))
INSERT INTO test VALUES
(3, 'DB Admin',EncryptByAsymKey(AsymKey_ID( 'asy_TestKey'),'5000'))
GO

--4. 查看表中存放的数据
SELECT * FROM test

--5. 解密被加密了的数据列
SELECT EmpID, Title,
CONVERT(varchar(60),DecryptByAsymKey(AsymKey_Id('asy_TestKey'),
Salary,N'123456'))
FROM test
```

5-5 SQL Server 2005 的安全性实训

实训目标

- 通过 SQL Server 登录账户管理实验，掌握和深入理解登录账户的概念。
- 通过 SQL Server 数据库用户管理，了解数据库用户的概念。
- 通过用户安全登录及授/收权实验，了解权限的内涵以及授权和授权的过程。
- 通过对服务主密钥、数据库主密钥、数字证书的加密体系的综合实训，旨在学习者提高在 T-SQL 下进行数据安全加密的综合应用能力。

5-5-1 SQL Server 登录账户管理

本次实验的主要目的是通过 T-SQL 脚本完成建立 Windows 用户和 SQL Server 用户的实验。

1. 使用 SQL 语言创建 SQL Server 登录账户

（1）语法。

```
sp_addlogin '用户名','密码'[,'登录用户使用的默认数据库']
```

（2）创建一个登录账户：名为 u3，密码为 u3，使用的默认数据库为 school。

```
EXEC sp_addlogin 'u3','u3','school'
```

2. 查看登录账户

```
exec sp_helplogins
```

3. 修改登录账户

（1）修改默认的数据库，系统存储过程：sp_defaultdb。

```
例：EXEC sp_defaultdb 'u3','school'
```

（2）修改默认的语言，系统存储过程：sp_defaultlauguage。

```
例：EXEC sp_defaultlanguage 'u3', 'french'
```

（3）修改登录密码，系统存储过程：sp_password。

```
例：EXEC sp_password 'u3', '1234','u3'
```

4. 删除登录账户

语法：

```
系统存储过程：sp_droplogin '账户名'
例：EXEC sp_droplogin 'u3'
```

5-5-2 SQL Server 数据库用户管理

本实验的主要目的是通过 TSQL 脚本完成使用 SQL 语句创建、查看、删除数据库用户。

1. 使用 SQL 语句创建数据库用户

（1）语法：sp_grantdbaccess '登录名' [,'用户名']

例：在数据库 school 中创建用户 qq，对应的登录账号是 qq。

```
use school
EXEC sp_addlogin 'qq','qq','school'
exec sp_grantdbaccess 'qq', 'qq'
```

（2）说明。

1）在执行本存储过程前，登录名必须已经存在。

2）一般情况下，登录名和用户名相同，所以第 2 个参数通常省略。

3）在执行本存储过程前，首先确认当前使用的数据库是要增加用户的数据库。

2．使用 SQL 语句查看数据库用户

```
sp_helpuser
```

3．使用 SQL 语句删除数据库用户

语法：`sp_revokedbaccess '用户名'`

例：`EXEC sp_revokedbaccess 'qq'`

5-5-3　用户安全登录及授/收权实验

1．实训任务 1：授权与收权

按照下列代码编写的要求，在 Windows 操作系统或 school 数据库中建立若干用户，通过对这些用户的授权和授权，了解通过命令行的方式是如何实现用户安全登录及授/收权工作的。

------------------------实验名称：用户安全登录及授/收权实验------------------

第一步，建立若干 SQL 登录用户（U1—U7）。

第二步，在 school 数据库用户下面允许 u1,u2 为合法用户，同时执行下列的代码：

```
GRANT INSERT ON SCORE TO U1  WITH GRANT OPTION
```

请测试：

```
insert into score values('122','234',45)
```

--能否成功？

```
GRANT SELECT ON Student TO U1
GRANT ALL PRIVILEGES ON Student TO U2, U3
GRANT SELECT ON  SC TO PUBLIC
GRANT UPDATE(Sno), SELECT ON  Student TO U4
```

--请分别叙述上述四句话的含义是什么。

第三步，建立角色 QQ，并且将 u2,u1 分配到该 QQ 名下。

```
GRANT INSERT ON SCORE TO QQ WITH GRANT OPTION
```

再查看 u1 和 u2 是否已经具有了插入数据的能力？

```
insert into score values('122','234',45)
```

第四步，执行下面的代码。

```
GRANT CREATE TABle TO U6   -- U6 用户的权限是什么？
```

第五步，收回权限实验。

（1）`REVOKE select ON SCore FROM PUBLIC`

（2）`REVOKE select(birthday) ON teacher FROM U2`

（3）`REVOKE ALL PRIVILEGES ON Student TO U2, U3,u4,u5`

--上述三句话的意思是什么？

第六步，权限拒绝。

（1）`DENY SELECT, INSERT, UPDATE, DELETE ON score TO u1`

（注意：如果拒绝，必须收回所有授权）

```
--上述意思是什么?
```
（2）exec sp_grantdbaccess 'u7','we'

为 Microsoft? SQL Server? 登录或 Microsoft Windows NT? 用户或组在当前数据库中添加一个安全账户,并使其能够被授予在数据库中执行活动的权限。

2. 实训任务 2: 课堂测试

本实训的要求是: 假设在 school 数据库下建立下面的用户 A1、A2、A3、A4、A5、A6,并需要完成如下操作:

（1）建立上面的用户,并且指定默认数据库为 school。同时要求将所有的用户添加到 school 数据库下。

（2）A1、A2 访问 student 表,A3、A4 访问 score 表,A5、A6 访问 course 表。

（3）建立角色 qq,并将权限设定为查询 student;传播授权给 A5 和 A6 用户。

（4）A1 允许对 student 表的 sno 属性进行插入操作,并对 sname 属性进行修改操作,A2 允许对 score 表进行所有的权限操作。

（5）拒绝用户操作实验: 拒绝 A3 对 student 表的 sno 属性进行插入操作;拒绝 A3 对 student 表的 sname 属性进行修改操作;拒绝 A4 对 score 表进行所有的权限操作。

（6）收回 A1 的所有权限。

5-5-4　了解数据库加密体系结构

通过本实验,提高在 T-SQL 下进行服务主密钥、数据库主密钥、数字证书的加密体系的综合理解能力。

```
--***********************一、建立并实现服务主密钥************************
--准备工作阶段,创建测试数据库 TestDB
--1)备份服务主密钥
backup service master key to file='c:\smk.bak'
encryption by password='p@ssw0rd'
 --2)生成新的主密钥
Alter service master key regenerate
 --3)从备份文件还原服务主密钥
Restore service master key from file='c:\smk.bak'
decryption by password='p@ssw0rd'
 --***********************二、数据库主密钥************************
--1)为数据库创建数据库主密钥
create master key encryption by password='p@ssw0rd'
go
--2)查看数据库加密状态
select [name],is_master_key_encrypted_by_server
from sys.databases where name='TestDB'
--3)查看数据库主密钥的信息
select * from sys.symmetric_keys
--4)备份数据库主密钥
backup master key
```

```
to file='c:\testdbkey.bak' encryption by password='p@ssw0rd'
```
--5) 删除服务主密钥对数据库主密钥的保护,创建非对称密钥成功,自动使用服务主密钥解密并使用该
数据库主密钥
```
create asymmetric key asy_Testkey1 with algorithm=RSA_1024
go
```
--删除服务主密钥对数据库主密钥的保护
```
alter master key
drop encryption by service master key
go
```
--查看数据库加密状态
```
select [name],is_master_key_encrypted_by_server
from sys.databases where name='TestDB'
```
--创建非对称密钥失败,因为数据库主密钥未打开
```
create asymmetric key asy_Testkey2 with algorithm=RSA_1024
go
```
--打开数据库主密钥
```
open master key decryption by password='p@ssw0rd'
select * from sys.openkeys
go
```
--创建非对称密钥成功
```
create asymmetric key asy_Testkey2 with algorithm=RSA_1024
go
```
--恢复服务主密钥对数据库主密钥的保护
```
alter master key
add encryption by service master key
close master key
go
--*****************************三、数字证书*****************************
```
--1) 创建自签名证书
```
create certificate cert_Testcert
encryption by password='p@ssw0rd'
with subject='TestCert1',
start_date='1/31/2006',
expiry_date='1/31/2008'
go
select * from sys.certificates
```
--2) 从文件导入证书
```
Create certificate cert_TestCert2 From file='c:\MSCert.cer'
Go
```
--3) 备份导出证书和密钥
```
backup certificate cert_Testcert to file='c:\Testcert.cer'
with private key
(decryption by password='p@ssw0rd',
file='g:\TestCert_pvt',--私钥
encryption by password='p@ssw0rd')
go
```

```
--4) 使用证书加解密数据。加密:使用证书的公钥
declare @cleartext varbinary(200)
declare @cipher varbinary(200)
set @cleartext=convert( varbinary(200),'Test text string')
set @cipher=EncryptByCert(Cert_ID('cert_TestCert'),@cleartext)
select @cipher
--解密:使用证书的私钥
select convert(varchar(200),DecryptByCert(Cert_ID('cert_TestCert'),@cipher,
N'p@ssw0rd')) as [cleartext]
--5) 删除证书私钥
alter certificate cert_TestCert
remove private key
go
--加密成功
declare @cleartext varbinary(200)
declare @cipher varbinary(200)
set @cleartext=convert( varbinary(200),'Test text string')
set @cipher=EncryptByCert(Cert_ID('cert_TestCert'),@cleartext)
select @cipher
--解密失败:因为私钥被删除
select convert(varchar(200),DecryptByCert(Cert_ID('cert_TestCert'),@cipher,
N'p@ssw0rd')) as [cleartext]
```

本章考纲

- 了解数据库安全性的产生过程和安全措施的 5 个级别,可以区分 Windows 认证模式和 SQL Server 混合认证模式的区别。
- 掌握用户身份认证,主体和安全对象的内涵,如何建立 Windows 认证模式下的用户登录,如何建立 sa 用户登录和 SQL Server 用户登录;掌握通过命令方式授权 Windows 用户及 SQL Server 用户登录账户,学习查看、修改和删除 SQL Server 登录账户信息。
- 掌握用户和模式的分离,以及执行上下文概念内涵;掌握通过管理控制平台及命令行对用户进行授权与收权。
- 掌握用户的角色概念,掌握对用户进行服务器角色授权技术,掌握通过命令形式对用户进行数据库角色授权。
- 学习应用程序角色的创建和使用。
- 了解加密技术的历史,了解对称加密技术、非对称加密技术和数字证书的概念;学习 SQL Server 2005 数据加密技术和加密各级别密钥的层次架构;掌握备份服务主密钥和恢复服务主密钥的基本语法;掌握创建、备份、恢复、删除数据库主密钥;掌握创建、修改、删除、SQL Server 2005 数字证书,并可以使用 SQL Server 2005 数字证书加密/解密数据;掌握使用对称密钥和非对称密钥加解密 SQL Server 2005 的数据的方法。

课后练习

一、填空题

1. 为了保护数据库，防止恶意的滥用，可以在从低到高的 5 个级别上设置各种安全措施，分别是_____、_____、_____、_____和_____。

2. 如果一个用户要访问 SQL Server 数据库中的数据，必须经过三个级别的认证过程，分别是_____、_____和_____。

3. SQL Server 的用户有两种类型，分别是_____和_____。

4. 服务器的登录用户 sa 是_____用户，用于创建其他登录用户和授权。

5. SQL Server 2005 级别对应的主体分别包括_____、_____和_____。

6. 我们可以利用系统存储过程_____实现 Windows 用户登录授权；系统存储过程_____查看 SQL Server 登录账户；系统存储过程_____可以更改 SQL Server 登录用户的登录密码。

7. 用户权限的类别包括三种类别：_____、_____和_____。

8. SQL Server 2005 中，角色分为 3 种：_____、_____和_____。

9. SQL Server 2005 服务器支持的加密算法如下：_____、_____和_____。

二、简答题

1. 简述数据库的安全性的概念。
2. SQL Server 为什么一般推荐使用 Windows 身份验证模式？
3. 混合认证模式的优点是什么？
4. 配置 sa 用户登录数据库系统时候无法登录应如何处理呢？
5. 在授权的过程中，如果使用了 WITH GRANT OPTION 参数有什么效果？
6. 简述数字证书的概念。

第 6 章 自动化管理任务

本章内容

- 自动化管理任务概述
- 配置代理服务器
- 管理作业与警报，设置作业与警报

6-1 自动化管理任务概述

学习目标

- 了解自动化管理任务的基本概念，学习自动化管理任务的优点及组件。
- 掌握配置代理服务器技术。

数据库管理员的工作是繁重复杂的，如果可以自动化有规律地进行管理，可以大大减轻数据库管理员的工作负荷，提高其工作质量。Microsoft SQL Server 系统提供了作业和警报功能。通过定义作业和警报，可以设置系统执行自动化操作任务。在 Microsoft SQL Server 系统中，SQL Server 代理服务负责系统警报、作业、操作员、调度和复制等任务的管理，这也就意味着对于每阶段都需要执行的周期性数据库维护任务，都可以委托代理服务器的自动化管理任务予以实现。

所谓自动化管理任务是指系统可以根据预先的设置自动地完成某些任务和操作。一般地，把可以自动完成的任务分成两大类：一类是执行正常调度的任务，另一类是识别和回应可能遇到的问题的任务。所谓的执行正常调度的任务，就如同在 Microsoft SQL Server 系统中执行一些日常维护和管理的任务，可以包括备份数据库、传输和转换数据、维护索引、维护数据一致性等。

另一类任务是识别和回应可能遇到的问题，例如对 Microsoft SQL Server 系统出现的错误以及定义监测可能存在问题的性能条件。例如，可以定义一个任务来更正出现的问题。如果发生数据库事务满了，则该数据库就不能正常工作了，这时发生错误代号是 1105 的错误。可以定义一项使用 T-SQL 语句的任务，执行清除事务日志和备份数据库的操作。还可以定义一些性能条件。例如，可以定义 SQL Server 代理服务来监测何时出现锁堵塞用户修改数据，并且把这种状况自动通知系统管理员。

6-1-1　自动化管理任务的优点

自动化管理和监视任务可以让数据库管理员减少重复执行任务的工作负荷,这些任务通常都是数据库服务器按照一定的周期规律固定执行的,一般应用在 SQL Server 的日常维护之中,比如定期的数据备份工作。同时也可以使用作业和警报来完成 SQL Server 的主动响应问题,甚至可以有效地组织一些问题的发生。自动化管理任务的主要优点表现在:

(1)减少了管理方面的工作负荷,使得 DBA 将精力集中在其他作业任务上,例如规划数据库的结构或者优化数据库的性能。

(2)降低因忽视重要维护任务而导致的风险。

(3)降低在执行数据库维护任务时人为错误的风险。

(4)通过警报进行主动管理,自动化的阻止一些可能问题的发生。

6-1-2　自动化管理的组件

自动化组件包括 Windows Event Log、MS SQL Server 和 SQL Server 代理。

MS SQL Server 服务是 Microsoft SQL Server 系统的数据库引擎,负责把发生的错误作为事件写入 Windows 的应用程序日志中。如果 Microsoft SQL Server 系统或应用程序发生了需要引起用户注意的任何错误或消息,且把这些错误或消息写进 Windows 的应用程序日志,则这些错误或消息就是日志。

Windows Event Log 服务负责处理写入 Windows 的应用程序日志中的事件,这些事件可以包括:Microsoft SQL Server 系统中严重等级在 19～25 之间的任何错误;已经定义将要写入 Windows 的应用程序日志中的错误消息;执行 RAISERROR WITH LOG 语句。

当 SQL Server 代理服务启动时,它就在 Windows 的事件日志中注册并且连接到 Microsoft SQL Server,这样就允许 SQL Server 代理服务接受任何 Microsoft SQL Server 的事件通知。

6-1-3　SQL Server 代理

SQL Server 代理（SQL Server Agent）说到底就是一个 Windows 的后台服务和可以执行安排的管理任务,这个管理任务也被称为“作业”。每个作业包含一个或多个作业步骤,每个步骤都可以完成一个任务。SQL Server 代理可以在指定的时间或在特定的事件条件下执行作业里的步骤,并记录作业的完成情况,一旦执行作业步骤出现错误,SQL Server 代理还可以设法通知管理员。

和其他服务一样,可以通过“控制面板”中的服务来修改 SQL Server 的启动模式,一般通过 SQL Server Configuration Manager 来实现对 SQL Server Agent 服务的管理。可以通过选择“开始”→“程序”→Microsoft SQL Server 2005→“配置工具”→SQL Server Configuration Manager 来启动 SQL Server Configuration Manager 选项,如图 6-1 所示为 SQL Server Agent 控制台界面。

实验 1:设置 SQL Server 代理服务为自动启动

(1)打开 SQL Server Configuration Manager,右击 SQL Server 2005 Agent 服务,在弹出的快

捷菜单中选择"属性"命令，如图 6-2 所示。

图 6-1   SQL Server Agent 控制台界面

图 6-2   选择代理服务器的属性

（2）在打开的"属性"对话框中切换到代理服务器的"服务"页面，选择启动模式为"自动"，如图 6-3 所示，当然，也可以通过单击"开始"→"运行"，然后键入 services.msc，运行后找到 SQL Server 2005 Agent，双击设置为自动启动。（请读者自行尝试）

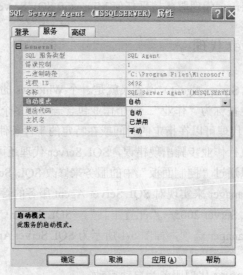

图 6-3   选择自动启动模式

实验 2：设置 SQL Server 代理服务始终运行

（1）在 SQL Server Management Studio 中，右击打开实例中的"SQL Server 代理"，在弹出的快捷菜单中选择"属性"命令，如图 6-4 所示。

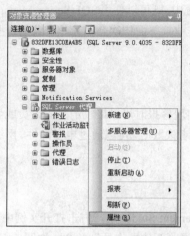

图 6-4　选择 SQL Server 代理的属性

（2）选择"常规"选项页，选中"SQL Server 意外停止时自动重新启动"和"SQL Server 代理意外停止时自动重新启动"复选框，将确保 SQL Server 和 SQL Server 代理意外停止后可以自动启动，如图 6-5 所示。

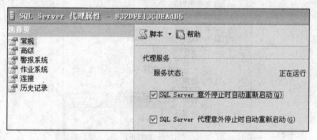

图 6-5　配置 SQL Server 代理意外停止时重新启动

6-2　管理作业与警报

学习目标

- 了解操作员的概念。
- 掌握创建作业的基本步骤。
- 掌握创建警报的步骤。
- 学习通过 T-SQL 创建作业和操作员，以及创建自动化综合任务。

作业就是为了完成指定任务而执行的一系列操作,可以包括大量的 T-SQL 脚本、命令行应用程序、ActiveX 脚本,以及各种查询或者复制任务。作业管理包括创建作业、定义作业步骤、确定每一个作业步骤的动作流程逻辑、调度作业、创建将要通知的操作员,以及检查和配置作业的历史。

在 Microsoft SQL Server 系统中,既可以使用 SQL Server Management Studio 创建作业和操作员,也可以使用系统存储过程创建作业。下面依次介绍管理作业的一些基本概念和定义。

6-2-1 操作员

操作员是在完成作业或者出现警报时可以接收消息的人员或者组的别名,通常应当在定义警报之前定义操作员。作业在完成或者失败时,可以通过电子邮件、网络消息和寻呼机方式通知操作员。下面首先创建一个操作员。

实验 3:创建操作员

(1)在 SQL Server Management Studio 中,右击打开实例中"SQL Server 代理"里面的"操作员",在弹出的快捷菜单中选择"新建操作员"命令,如图 6-6 所示。

图 6-6 新建操作员

(2)分别在打开的创建操作员用户界面中录入操作员名称和电子邮件的名称,但是这里的电子邮件有效方式是在建立电子邮件服务器后指定的用户邮件地址,因此首先应当确保电子邮件服务器是已经配置好并成功启动的,而且应当为具体的用户设置好邮件地址,如图 6-7 所示。

如果确实可以给用户发一封邮件,现在如此配置肯定是不行的,因为本机并不知道你如何给对方发信。既然想发信就必须要有一个可以利用的 SMTP 服务器(本机需要提前配置好),由于目前没有配置,所以 SQL Server 本身就不可能具备发邮件的功能。如果想发送电子邮件,就必须与邮件服务器相结合,如 EXCHANGE。

还可以指定一个 NET SEND 地址或 NETBIOS 名称,自动给用户发一个消息,同样可以结合邮件使用。因为发一个邮件,可能这个数据库管理员不能及时地打开邮箱看到信件,但是可以结合此项,给用户发一个消息,及时提醒用户。但也有一个弊端就是只能应用于局域网,如果是外网的话可以结合寻呼程序使用。

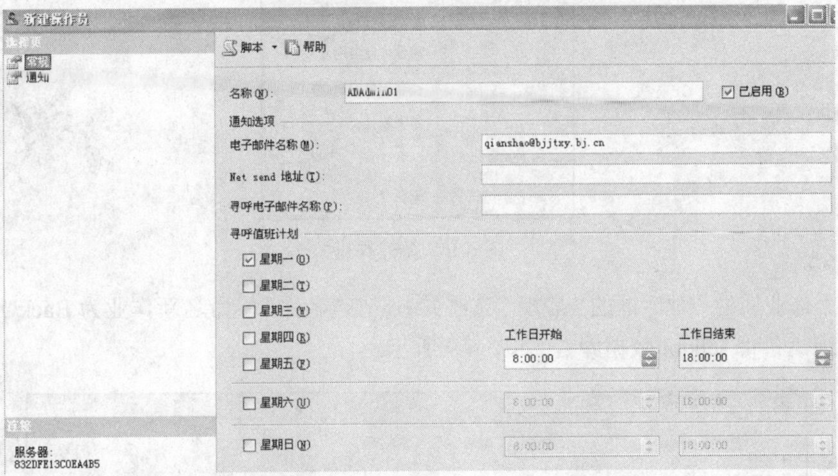

图 6-7 创建操作员用户界面

6-2-2 创建作业的基本步骤

一般通过 SQL Server Management Studio 创建作业，作业步骤的定义被存储在 msdb 数据库的 sysjobsteps 系统表中。作业的执行内容可以包括 T-SQL 脚本、操作系统命令、ActiveX 脚本、复制任务、磁盘备份任务等。但每个具体的作业只能够是一种执行类型。

1. T-SQL 脚本

T-SQL 脚本可以包括 T-SQL 语句和存储过程，但必须指定具体的操作数据库、详细的操作参数和变量，以及具体操作的磁盘文件等，而且上述的各项内容必须是真实存在的。

2. 操作系统命令

操作系统命令就是 Windows 操作系统的可执行命令，包括.exe、.bat.、.cmd、.com 后缀文件，而且需要指定这些文件的完整磁盘路径，以及执行命令的退出命令，以指示命令成功完成。

3. ActiveX

ActiveX 是一个打开的集成平台，为开发人员、用户和 Web 生产商提供了一个快速而简便的在 Internet 和 Intranet 中创建程序集成和内容的方法。使用 ActiveX，可轻松方便地在 Web 页中插入多媒体效果、交互式对象，以及复杂程序。

根据微软权威的软件开发指南 MSDN（Microsoft Developer Network）的定义，ActiveX 插件以前也叫做 OLE 控件或 OCX 控件，它是一些软件组件或对象，可以将其插入到 Web 网页或其他应用程序中。一般可以通过 Microsoft Visual Basic Scripting Edition（VBScript）或者 Microsoft JScript 语言来编写执行 ActiveX 脚本语言。

实验 4：创建简单作业

（1）在 SQL Server Management Studio 中，右击打开实例中"SQL Server 代理"里面的"作业"，在弹出的快捷菜单中选择"新建作业"命令，如图 6-8 所示。

图 6-8　新建作业

（2）在"作业属性"对话框的"常规"选项页中，在"名称"中命名新作业为 BackUpDatabase1，该作业说明为"备份 school 数据库"，如图 6-9 所示。

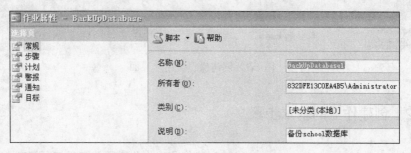

图 6-9　新作业"常规"选项页配置

（3）选择"步骤"选项页，"新建"作业步骤，在新建作业页面命名步骤名称 backupstep1，选择数据库为 school，类型为"Transact-SQL 脚本（T-SQL）"按钮，并录入命令脚本"backup database school to DISK='c:\ schoolbackup.bak' with noinit"，单击"分析"后成功建立步骤，如图 6-10 所示。

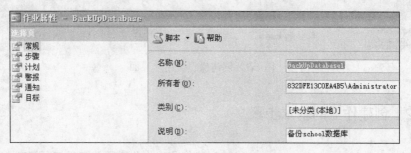

图 6-10　新作业"步骤"选项页配置

在作业步骤属性的选择页中单击"高级"项，并在操作界面中将"成功时要执行的操作"选项设为"退出报告成功的作业"，并将输出追加到"输出文件"中，单击"确定"按钮保存配置信息，如图 6-11 所示。

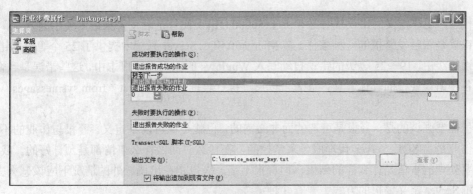

图 6-11 新作业步骤"高级"选项页配置

（4）选择"计划"选项页，"新建"作业计划，在新建作业计划页面命名作业计划名称为 backupschoolplan，执行频率为"每天"，每天频率为"每分钟"（主要为了观察实验方便），单击"确定"按钮后建立新的计划。最后回到建立计划界面，完成建立计划的工作，如图 6-12 所示。

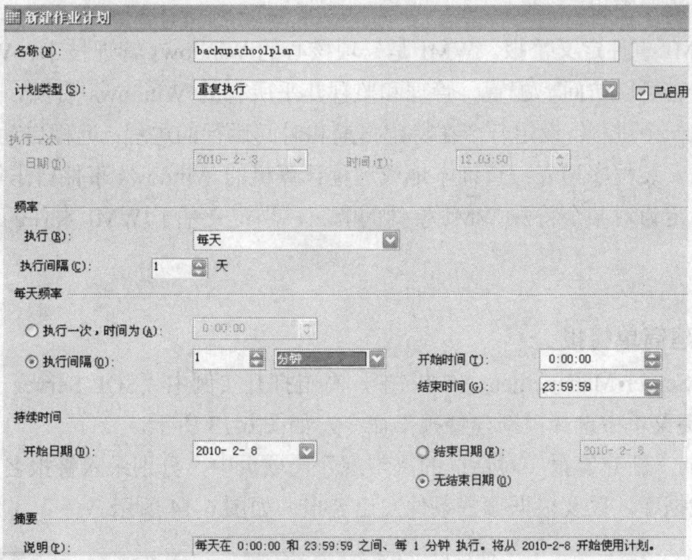

![新建作业计划]

图 6-12 设置作业计划

6-2-3 创建警报

SQL Server 允许创建警报以显示系统可能遇到的各种错误，包括 SQL Server 错误、用户定义错误或者对系统的性能条件等做出必要的响应。当然，也可以将这些错误以邮件的形式发送给操作员，以方便操作员排查错误。

警报是联系写入 Windows 事件日志中的 Microsoft SQL Server 错误消息和执行作业或发送通知的桥梁，另一方面警报也负责回应 Microsoft SQL Server 系统或用户定义的已经写入到 Windows 应用程序日志中的错误或消息。

在 Microsoft SQL Server 系统中，错误代号小于或等于 50000 的错误或消息是系统提供的错误使用的代号，用户定义的错误代号必须大于 50000。错误代号是触发警报最常使用的方式。错误等级也是错误是否触发警报的一种条件。在 Microsoft SQL Server 系统中提供了 25 个等级的错误。在这些错误等级中，19～25 等级的错误自动写入 Windows 的应用程序日志中，这些错误是致命错误。以上的各种错误警报的具体含义，读者可以通过执行查询语句"select * from sysmessages"具体进行查看。

这里需要强调的是，警报是可选的而非必需的，也就是说可以不定义。警报与作业的不同之处在于，作业是由 SQL Server 代理服务来掌控的，在什么时间做什么事情都是预订好的。我们能意识到将要处理的事情是什么样的结果，但警报不是，警报是在出现意外的情况下应该怎么去做。

SQL Server 定义警报的方式主要有 3 种：

（1）根据 SQL Server 错误定义警报。若要创建 SQL Server 错误时发出警报，可以通过指定一个错误编号（如 9002：数据库的事务日志已满。）或特定的严重程度（如 17）来定义警报。

（2）根据 SQL Server 性能条件定义警报。除了使用警报响应 SQL Server 错误以外，还可以使用警报响应 SQL Server 的性能条件（如"Windows 系统监视器"上查看到的性能条件）。当超过某个激发条件时，将激发警报。

（3）根据 WMI 事件定义警报。WMI 是一项核心的 Windows 管理技术，WMI 作为一种规范和基础结构，通过它可以访问、配置、管理和监视几乎所有的 Windows 资源，比如用户可以在远程计算机器上启动一个进程；设定一个在特定日期和时间运行的进程；远程启动计算机；获得本地或远程计算机的已安装程序列表；查询本地或远程计算机的 Windows 事件日志等。

可以将警报指定为对某个特殊 WMI 事件的响应，当定义基于 WMI 事件的警报时候，将激发警报。

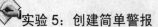 **实验 5：创建简单警报**

（1）在 SQL Server Management Studio 中，右击打开实例中"SQL Server 代理"里面的"警报"，在弹出的快捷菜单中选择"新建警报"命令，如图 6-13 所示。

（2）在弹出的"新建警报"对话框的"常规"选项页中，分别录入警报名，选择警报类型和时间警报定义的数据库，以及根据哪些条件发出警报，如图 6-14 所示。

图 6-13　新建警报

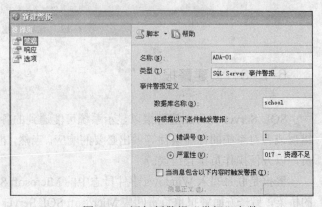

图 6-14　添加新警报"常规"参数

（3）在弹出的"新建警报"对话框的"响应"选项页中，勾选"执行作业"复选框，通过下拉列表选择执行作业（如果没有则单击"新建作业"完成）；勾选"通知操作员"复选框，并选择上节中定义的操作员，通知方式选择为"电子邮件"，如图 6-15 所示。最后单击"确定"按钮，完成对警报的创建工作。

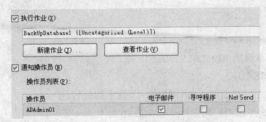

图 6-15 添加新警报"响应"参数

6-2-4 通过 T-SQL 实现自动化管理任务

在 SQL Server 2005 环境下，不仅可以在视窗环境中实现自动化管理任务，而且可以通过 T-SQL 实现自动化管理任务。T-SQL 实现自动化管理的语法内容主要包含 5 个方面的内容，分别是创建作业、创建操作员、创建警报、创建作业调度、创建步骤，下面分别就以上 5 个 T-SQL 语法逐一进行分析。

1. 创建作业

创建作业的系统存储过程是 sp_add_job，其基本的语法格式如下：

```
sp_add_job  [ @job_name = ] 'job_name'
    [ , [ @enabled = ] enabled ]
    [ , [ @owner_login_name = ] 'login' ]
    [ , [ @notify_level_eventlog = ] eventlog_level ]
    [ , [ @notify_level_email = ] email_level ]
    [ , [ @notify_level_netsend = ] netsend_level ]
    [ , [ @notify_level_page = ] page_level ]
    [ , [ @job_id = ] job_id OUTPUT ]
```

常用参数的含义为：

- @JOB_NAME：作业名称。
- @JOB_ID OUTPUT：该作业的 ID 号，是 uniqueidentifer 类型的输出变量。
- @ENABLE=1 或 0：是否处于启用状态。
- @OWNER_LOGIN_NAME：可登录的用户名称。
- @NOTIFY_LEVEL_EVENTLOG：将运行状态放入 Windows 的应用程序日志。
- @notify_level_email：用于指明作业完成后何时发送电子邮件的值。
- @notify_level_netsend：用于指明作业完成后何时发送电子邮件的值，0－从不，1－成功后，2（默认值）－失败后，3－始终。
- @notify_level_page 用于指明作业完成后何时发送呼叫的值，0－从不，1－成功后，2－（默认值）－失败后，3－始终。

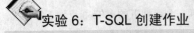实验 6：T-SQL 创建作业

```
EXEC MSDB.dbo.SP_ADD_JOB
--在 MSDB 系统数据库中以 dbo 身份执行 SP_ADD_JOB 存储过程
```

```
@JOB_NAME='school_back',
--命名作业名称为 school_back
@ENABLED=1,
--处于启用状态
@OWNER_LOGIN_NAME='832dfe13c0ea4b5\ADMINISTRATOR',
--可登录的用户名称是本机的 ADMINISTRATOR 用户
@NOTIFY_LEVEL_NETSEND=3,
--用于指明作业完成后何时发送电子邮件的值，3 表示始终发送
@NOTIFY_NETSEND_OPERATOR_NAME='ADAdmin01',
--完成该作业后，接收网络消息的操作员的名称
@NOTIFY_LEVEL_EVENTLOG=3
--用于指示何时将该作业的项放入 Microsoft Windows NT 应用程序日志，3 表示始终发送
--注意：如果没有操作员，需要预先定义一个操作员 ADAdmin01，查询操作员的命令如下：
EXEC MSDB.dbo.SP_HELP_OPERATOR
```

2. 创建操作员

创建操作员的系统存储过程是 SP_ADD_OPERATOR，其基本的语法格式如下：

```
sp_add_operator [ @name = ] 'name'
    [ , [ @enabled = ] enabled ]
    [ , [ @email_address = ] 'email_address' ]
    [ , [ @pager_address = ] 'pager_address' ]
    [ , [ @weekday_pager_start_time = ] weekday_pager_start_time ]
    [ , [ @weekday_pager_end_time = ] weekday_pager_end_time ]
    [ , [ @pager_days = ] pager_days ]
    [ , [ @netsend_address = ] 'netsend_address' ]
```

常用参数的含义为：

- @NAME：操作员名称。
- @ENABLED：是否启用操作员。
- @EMAIL_ADDRESS：操作员的邮件地址。
- @PAGER_ADDRESS：操作员的寻呼地址。
- @NETSEND_ADDRESS：操作员的网络地址。
- @weekday_pager_start_time：服务在工作日（星期一到星期五）的开始时间。
- @weekday_pager_END_time：服务在工作日（星期一到星期五）的结束时间。
- @PAGER_DAYS=62：表示操作员可以接受呼叫的日期，参数值描述为：1－星期日，2－星期一，4－星期二，8－星期三，16－星期四，32－星期五，64－星期六。

实验 7：T-SQL 创建操作员

```
--例如，定义一个操作员为 op_qianshao1，只使用网络地址接收消息
EXEC MSDB..SP_ADD_OPERATOR
@NAME='op_qianshao1',@NETSEND_ADDRESS='192.168.1.101'
--此示例设置 qianshao1 的操作员信息
--再创建一个启用操作员信息 op_qianshao2，呼叫程序将从星期一到星期五的上午 8 点到下午 5 点
通知 op_qianshao2
use msdb
```

```
exec sp_add_operator @name = 'op_qianshao2', --操作员名称
    @enabled = 1, --操作员名称
    @email_address ='janetl', --启用操作员
    @pager_address = 'qianshao@bjjtxy.bj.cn', --操作员的寻呼地址
    @weekday_pager_start_time = 080000, --服务在工作日（星期一到星期五）的开始时间
    @weekday_pager_end_time = 170000,  --服务在工作日（星期一到星期五）的结束时间
    @pager_days = 62  --周一到周五
```

3. 创建警报

创建警报的系统存储过程是 sp_add_alert，其基本的语法格式如下：

```
sp_add_alert [ @name = ] 'name'
    [ , [ @severity = ] severity ]
    [ , [ @enabled = ] enabled ]
    [ , [ @notification_message = ] 'notification_message' ]
    [ , { [ @job_id = ] job_id | [ @job_name = ] 'job_name' } ]
```

常用参数的含义为：

- @NAME：警报名称。
- @SEVERITY：用于定义警报的严重级别（1～25）。
- @ENABLED：警报的当前状态。
- @NOTIFICATION_MESSAGE：附加消息。
- @JOB_NAME：该警报所执行的作业名称。
- @JOB_ID：该警报所执行的作业 ID，与作业名称只能有一个。

实验 8：T-SQL 创建警报

```
MSDB..SP_ADD_ALERT @NAME='ALT2',@SEVERITY=15
--定义警报名称为 ALT2，严重级别为 15
MSDB..SP_DELETE_ALERT @NAME='ALT2'
--删除警报 ALT2
```

4. 创建作业调度

作业是一系列由"SQL Server 代理"按顺序执行的指定操作。作业可以执行大量的活动，包括 T-SQL 脚本、命令行应用程序、ActiveX 脚本、Integration Services 包等任务。作业可以在数据库服务器无人值守的情况下自动执行重复性的任务，因此很多时候可以帮助数据库管理员进行数据库服务器的管理工作。

实验：创建作业调度

（1）在 SQL Server Management Studio 中，展开树形目录中的 SQL Server 代理项，右击"作业"项（如图 6-16 所示）。在打开的"新建作业"窗口中，填写新作业的名称为 BackupDatabase，所有者为 Administrator，类别为"未分类"，如图 6-17 所示。此次作业调度试图建立对数据库的无人值守备份调度实验。

（2）在"新建作业"窗口中，单击"选择页"中的"步骤"项，在展开的步骤界面中，单击"新建"按钮，弹出"新建作业步骤"窗口。

在"新建作业步骤"窗口中，命名"步骤名称"为 bk1，类型为 T-SQL 脚本，选择数据库 school，

并且在命令行键入 T-SQL 脚本为：backup database school to backup_file1 with noinit，即将 school 数据库备份到 backup_file1 逻辑磁盘备份设备上。为了保证实验的正确性。请提前建立 backup_file1 磁盘备份设备，单击"确定"按钮后完成该步骤，如图 6-18 所示。

图 6-16　新建作业

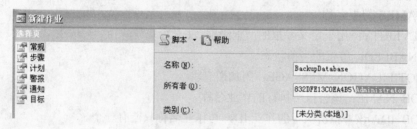

图 6-17　作业常规定义

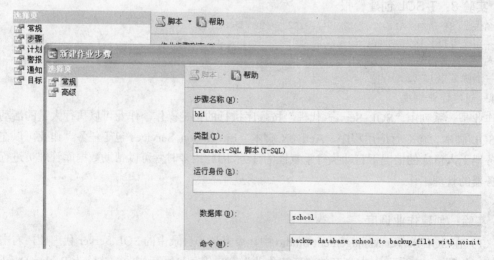

图 6-18　新建作业步骤配置界面

（3）在"新建作业"窗口中，单击"选择页"中的"计划"项，在展开的计划界面中，单击"新建"按钮，弹出"新建作业计划"窗口。

在"新建作业计划"窗口中，命名"名称"为 bk1-plan，计划类型为重复执行，频率为每天，执行间隔为 2 小时，开始和结束时间为全天 24 小时，单击"确定"按钮后完成该步骤，如图 6-19 所示。

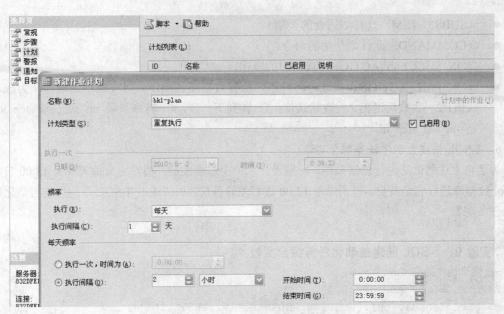

图 6-19　新建作业计划配置界面

（4）回到"新建作业"窗口，单击确定，则配置作业调度实验基本完成。此时不要忘记一件事情，在刚才建立的作业上右击，启动"作业开始步骤"，如图 6-20 所示。系统将开始正式自动按照作业调度计划开始备份数据库，如图 6-21 所示。如果备份作业没有问题，将会提示执行成功，并有相对应的备份文件在磁盘上出现。

图 6-20　开始运行步骤

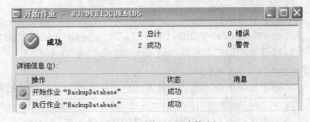

图 6-21　作业成功执行

5. 创建步骤

创建步骤的系统存储过程是 SP_ADD_JOBSTEP，其基本的语法格式如下：

```
sp_add_jobstep [ @job_id = ] job_id | [ @job_name = ] 'job_name'
    [ , [ @step_id = ] step_id ]
    { , [ @step_name = ] 'step_name' }
    [ , [ @subsystem = ] 'subsystem' ]
    [ , [ @command = ] 'command' ]
    [ , [ @on_success_action = ] success_action ]
    [ , [ @on_fail_action = ] fail_action ]
```

常用参数的含义为：

- @JOB_ID：作业 ID。
- @JOB_NAME：作业名称。
- @STEP_NAME：步骤的名称。

- @SUBSYSTEM：此计划适合的类型。
- @COMMAND：此计划使用的命令。
- @ON_SUCCESS_ACTION：成功时的操作。
- @ON_FAIL_ACTION：失败时的操作，值参数描述（操作）：1－成功后退出，为成功默认值；2－失败后退出，失败默认值；3－转到下一步，4－转到步骤 on_success_step_id 或是 on_fail_step_id。

6. T-SQL 创建自动化任务综合实验

为了将上述的语法进行总结归纳，特别设计了一个综合实验，假设定义每天晚上 18:00 自动对 school 数据库进行完全备份，每天中午 12:00 进行差异备份，如何通过 T-SQL 语句创建自动化磁盘备份任务呢？

实验 9：T-SQL 创建自动化任务综合实验

```
-- 定义操作员
EXEC MSDB..SP_ADD_OPERATOR
@NAME='qianshao_op',@NETSEND_ADDRESS='192.168.1.101'
--如果此操作员存在就删除
EXEC MSDB..SP_DELETE_OPERATOR @NAME='qianshao_op'
--创建作业
declare @JOBID uniqueidentifier
exec msdb.dbo.sp_add_job @job_name=N'school 数据库备份' ,
--添加一个作业，命名为 school 数据库备份
@ENABLED=1,
--处于启用状态
@OWNER_LOGIN_NAME='832dfe13c0ea4b5\ADMINISTRATOR',
--可登录的用户名称是本机的 ADMINISTRATOR 用户
@NOTIFY_LEVEL_NETSEND=3,
--用于指明作业完成后何时发送电子邮件的值，3 表示始终发送
@NOTIFY_NETSEND_OPERATOR_NAME='qianshao_op',
--完成该作业后，接收网络消息的操作员的名称
@NOTIFY_LEVEL_EVENTLOG=3 ,
--用于指示何时将该作业的项放入 Microsoft Windows NT 应用程序日志，3 表示始终发送
@job_id=@JOBID output
--定义作业步骤
DECLARE @SQL NVARCHAR(200),@DBNAME SYSNAME
SELECT @DBNAME=DB_NAME() --当前数据库名
SELECT @SQL=N'BACKUP DATABASE school TO DISK=''C:\school.BAK'''  --注意双引号
EXEC MSDB.DBO.SP_ADD_JOBSTEP @JOB_ID=@JOBID,@STEP_NAME=N'STEP1',
@SUBSYSTEM='TSQL',@DATABASE_NAME=@DBNAME,@COMMAND=@SQL


--定义作业调度
EXEC MSDB..SP_ADD_JOBSCHEDULE @JOB_ID=@JOBID,@NAME=N'SCH1',@FREQ_TYPE=4,
@FREQ_INTERVAL=1,@FREQ_SUBDAY_TYPE=0X8,@FREQ_SUBDAY_INTERVAL=1,
@ACTIVE_START_DATE=NULL,@ACTIVE_END_DATE=99991231,@ACTIVE_START_TIME=000000,
@ACTIVE_END_TIME=235959
```

```
--添加目标服务器
EXEC  msdb.dbo.sp_add_jobserver @job_id=@jobid,@server_name= N'(local)'
--删除作业
EXEC MSDB.DBO.SP_Delete_JOB @JOB_NAME=N'ITET 数据库备份'
```

本章考纲

- 了解自动化管理任务的基本概念，学习自动化管理任务的优点及组件。
- 掌握配置代理服务器技术。
- 了解操作员的概念。
- 掌握创建作业的基本步骤。
- 掌握创建警报的步骤。
- 学习通过 T-SQL 创建作业和操作员，以及创建自动化综合任务。

课后练习

一、填空题

1. 作业在完成或者失败时，可以通过_____、_____和_____通知操作员。

2. 作业步骤的定义被存储在_____数据库的_____系统表中。作业的执行内容可以包括：TSQL 脚本、_____、ActiveX 脚本、复制任务、磁盘备份任务等。

3. 在 Microsoft SQL Server 系统中，错误代号小于或等于_____的错误或消息是系统提供的错误使用的代号。

4. SQL Server 定义警报的方式主要有 3 种，分别是_____、_____和_____。

5. T-SQL 实现自动化管理的语法内容主要包含 5 个方面，分别是_____、_____、_____、_____和_____。

二、简答题

1. 自动化管理任务的概念。
2. 自动化管理任务的优点是什么？
3. 作业的概念。
4. 简述如何启动 SQL Server 代理服务器。
5. 简述警报的基本概念。警报与作业的区别是什么？

三、操作题

练习使用警报、作业和调度员。

1. 练习创建 SQL Server 性能警报。
2. 练习使用 sp_addmessage 系统存储过程定义警报。

第7章 数据库维持高可用性

本章内容

- 故障转移群集
- 数据库镜像
- 日志传送

企业的关键性业务数据对可用性有很高的要求,要求数据库系统必须能提供持续和可靠的数据访问与管理机制,所提供的数据服务要不间断,在数据库系统中提供几乎每天 24 小时的可用性。本章介绍了几个提高服务器或数据库可用性的 Microsoft SQL Server 2005 高可用性解决方案。高可用性解决方案可减少硬件或软件故障造成的影响,保持应用程序的可用性,尽可能地减少用户所感受到的停机时间。

7-1 SQL Server 2005 高可用性技术

学习目标

- 理解实现 SQL Server 2005 高可用性技术的分类。
- 了解 SQL Server 2005 高可用性技术的特点。

7-1-1 SQL Server 2005 高可用性解决方案

在 SQL Server 2005 中可以使用多种技术实现数据库的高可用性,这些技术包括:

1. 故障转移群集

故障转移群集可对整个 SQL Server 实例的高可用性提供支持。故障转移群集由具有两个或多个共享磁盘的一个或多个节点(服务器)组成。每个 Microsoft 群集服务(MSCS)的群集组(称为"资源组")中均安装有应用程序(如 SQL Server)和 Notification Service。在任何给定的时间点,每个资源组仅属于群集中的一个节点。应用程序服务具有与节点名称无关的"虚拟名称",因此它将作为虚拟服务器来引用。应用程序可以通过引用虚拟服务器的名称的方法连接到虚拟服务器,并不需要知道虚拟服务器的宿主是哪个节点。

SQL Server 虚拟服务器将像单个计算机一样显示在网络中,不过,它还具有一种功能,在当前节点不可用时，可以在节点之间进行故障转移。例如，在发生非磁盘硬件故障、操作系统故障或进行计划的操作系统升级时，可以在故障转移群集的一个节点上配置 SQL Server 实例，使其故障转移到磁盘组中的任意其他节点。故障转移群集不能防止磁盘故障。可以使用故障转移群集来减少系统停机时间，提供较高的应用程序可用性。SQL Server 2005 Enterprise Edition 和 Developer Edition 均支持故障转移群集。Standard Edition 也支持故障转移群集，但有一些限制。

2．数据库镜像

数据库镜像实际上是一个软件解决方案，可提供几乎是瞬时的故障转移，以提高数据库的可用性。数据库镜像用来维护相应的读写数据库（称为"主体数据库"）的单个"热"备用数据库（或"镜像数据库"）。通过还原但不恢复主体数据库的完整备份可创建镜像数据库。客户端不能访问镜像数据库。但是，为了进行报告，可创建镜像数据库的数据库快照来间接地使用镜像数据库。数据库快照为客户端提供了快照创建时对数据库中数据的只读访问。

每个数据库镜像配置均包含一个主体服务器（包含主体数据库）、一个镜像服务器（包含镜像数据库）和一个见证服务器，其中见证服务器是可选的。镜像服务器不断地使镜像数据库随主体数据库一起更新。从主体数据库到镜像数据库的故障转移是真正瞬时完成的。

数据库镜像所带来的可用性等级比以前使用 SQL Server 所能达到的可用性等级有了大幅提升，并提供了故障转移群集这一易于管理的可选方案。数据库镜像与日志传送相比，其优点在于：它是一种同步的"无数据丢失"配置，是本地支持的简单的故障转移策略。SQL Server 2005 Enterprise Edition 支持数据库镜像，Standard Edition 也支持数据库镜像，但是有一些限制。

3．日志传送

与数据库镜像一样，日志传送是数据库级操作。日志传送可用来维护相应的读写数据库（称为"主数据库"）的"暖"备用数据库（称为"辅助数据库"）。通过还原但不恢复主数据库的完整备份可创建辅助数据库。

日志传送配置包括一个主服务器（包含主数据库）、一个或多个辅助服务器（每个服务器包含一个辅助数据库）和一个监视服务器。每个辅助服务器从"主数据库"的日志备份以固定的时间间隔更新辅助数据库。在发生从主数据库到其中一个辅助数据库的故障转移之前，必须手动完全更新辅助数据库。在还原期间，辅助数据库具有有限的可用性，因此它们可能不能用于进行报告。

日志传送具有支持多个备用数据库的灵活性。如果需要多个备用数据库，可以单独使用日志传送或将其作为数据库镜像的补充。当这些解决方案一起使用时，当前数据库镜像配置的主体数据库同时也是当前日志传送配置的主数据库。而且，日志传送允许用户将延迟时间定义为：从主服务器备份主数据库日志到辅助服务器必须还原日志备份之间的时间。SQL Server 2005 Enterprise Edition、Standard Edition 和 Workgroup Edition 均支持日志传送。

4．复制

复制使用的是发布—订阅模式，即由主服务器（发布服务器）向辅助服务器（订阅服务器）发布数据。复制可在这些服务器间提供实时的可用性和可伸缩性。它支持筛选，以便为订阅服务器提供数据子集，同时还支持分区更新。订阅服务器处于在线状态，并且可用于报告或其他功能，而无需进行查询恢复。SQL Server 提供了 3 种复制类型：快照、事务以及合并；事务复制的滞后时间最短，在要求高可用性的情况下最常用。SQL Server 2005 的所有版本都支持复制。SQL Server Express 或 SQL Server Mobile 不提供复制发布功能。

7-1-2   SQL Server 2005 高可用性技术的特点

选择高可用性解决方案前：应该清楚高可用性解决方案的优点和缺点。

1. 故障转移群集和数据库镜像可提供的功能

包括自动检测和故障转移、手动故障转移和透明客户端重定向功能。此外，故障转移群集具有以下限制：需要在服务器实例作用域内进行操作；硬件需经过认证；备用部分不具有报告功能；仅利用数据库的单个副本；不能防止磁盘故障。

2. 数据库镜像的限制

需要在数据库作用域内操作；利用数据库的单个副本和复制副本。如果需要其他副本，除了数据库镜像之外，还可以对数据库使用日志传送；需使用标准服务器；只能使用数据库快照对镜像服务器进行有限的报告；同步操作时，为了提供零工作丢失，将在主体数据库上延迟提交。

3. 日志传送提供的功能

支持多个服务器实例上的多个辅助数据库；允许用户将延迟时间定义为：从主服务器备份主数据库日志到辅助服务器必须还原日志备份之间的时间。

4. 复制具有的行为

在数据库作用域中进行操作，支持在数据库中进行筛选，以便为辅助数据库提供数据子集；支持多个冗余数据库副本；支持在多个数据库间实现实时的可用性和可伸缩性，支持分区更新；支持辅助数据库对报告或其他功能的完全可用性，而无需查询恢复。

7-2   数据库镜像

学习目标

- 了解数据库镜像的操作模式。
- 理解数据库镜像的工作过程。
- 掌握 SQL Server 2005 数据库镜像原理并配置数据库镜像、监控镜像状态及实现故障转移。

SQL Server 2005 数据库镜像，是 SQL Server 2005 的新技术之一，是一种基于软件的高可用性解决方案，可以对不同服务器或同一服务器不同实例之间的数据库实现无数据延迟、自动故障转移的热备份。数据库镜像是基于数据库级别的，只适用于使用完整恢复模式的数据库。

7-2-1   数据库镜像的组成

数据库镜像由数据库必需的两个数据库角色组成，一个是主体服务器角色，一个是镜像服务器角色。还有一个可选的服务器角色为见证服务器角色。

（1）主体服务器（Principal Role）之主体数据库。主体数据库提供客户端应用程序的连接、查询、更新，执行相关事务等，主体数据库要求使用完全恢复模式。

（2）镜像服务器（Mirror Role）之镜像数据库。镜像数据库持续同步来自主体数据库的事务，使得镜像数据库的数据与主体数据库保持一致。镜像数据库不允许任何的连接存在，但可以对其创建数据库快照来作为只读数据库，实现用户的相关查询操作。

（3）见证服务器（Witness Server）。可选的配置，用于高可用性操作模式，通过见证服务器自动侦测故障，实现角色切换和故障转移。一个见证服务器可以为多组镜像提供服务。

（4）角色的转换。主体数据库与镜像数据库互为伙伴，当见证服务器侦测到主体服务器故障时，在高可用性模式下，实现故障自动转移后，会自动将主体服务器切换为镜像服务器角色，即角色发生互换。

7-2-2　数据库镜像的工作过程

主体数据库提供服务，当有来自客户端对主体数据库的更新时，主体数据库将数据写入主体数据库的同时也将事务传送给镜像数据库。镜像数据库来自主体数据库的事务，发送消息通知主体服务器。主体服务器收到来自镜像服务器中镜像数据写入完毕的消息后，将完成结果反馈给客户端。

数据库镜像的最简单形式仅涉及主体服务器和镜像服务器，图 7-1 显示了一个涉及两个服务器的会话。另一种配置涉及第三个服务器实例，该实例称为"见证服务器"，图 7-2 显示了一个包含见证服务器的会话。

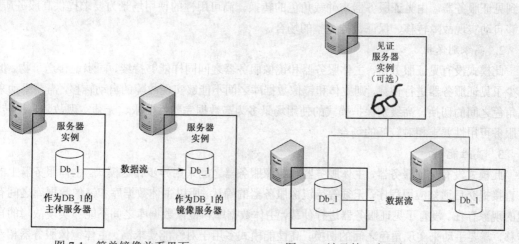

图 7-1　简单镜像关系界面　　　　图 7-2　涉及第三个服务器镜像关系界面

在数据库镜像会话上下文中，通常可以使用一个称为"角色切换"的过程来互换主体角色和镜像角色。在角色切换过程中，镜像服务器作为主体服务器的"故障转移伙伴"，接管主体角色并使其数据库副本在线，以作为新的主体数据库。以前的主体服务器将作为镜像角色（如果可用），并且其数据库将成为新的镜像数据库。

7-2-3　端点的作用

SQL Server 2005 提供了多层次多级别的安全模式，连接端点便是安全中的第一个层次级别，为实例级别，它控制着能否连接到实例。数据库镜像是 3 个实例级别的会话，故必须通过创建端点来实现互相通信。SQL Server 2005 可以创建两种类型的端点，一个是 HTTP 端点，一个是 TCP 端点。可以创建 TSQL、SERVICE_BROKER, 或 DATABASE_MIRRORING 类型的 TCP 端点。

端点上安全分为 5 个基本点，一是需要创建所需类型的端点，但该端点并不能提供服务；二是在创建的端点上指定端口号，并指定 IP 地址，数据库默认的端口号为 5022；三是对已创建并指定 IP 及端口号采用基于 Windows 身份认证或数字证书的加密功能加强安全；四是端点的状态必须为启动状态，才能够提供服务，如果端点在停止状态，对任意的连接，将给出错误提示；五是对于已建立的会话必须拥有端点的 connect 连接权限。

7-2-4 数据库镜像的操作模式

数据库镜像可以使用 3 种不同的操作模式：高可用性、高级别保护、高性能模式。在镜像会话期间，故障发生时，不同的操作模式对应着不同的事务转换方式。

1. 高可用性

在镜像正常会话期间，主体服务器和镜像服务器之间能够持续、同步地传送事物。主体服务器中主体数据库发送日志后等待镜像服务器中的镜像数据库确认，确认完毕后再反馈给应用程序。高可用性模式需要使用见证服务器，参与会话的主体和镜像实例之间不停地发送 ping 命令来侦测对方的状态，见证服务器则侦测主体和镜像两者的状态。一旦侦测到故障发生，则主体或镜像提交请求到见证服务器，由见证服务器来仲裁角色的转换。高可用性的使用场景为要求提供高服务质量、能够自动实现故障转移、保证数据完整的场合。

2. 高级别保护

此模式没有见证服务器，主体服务器和镜像服务器之间同样能够持续、同步地传送事物。但由于少了见证服务器进行仲裁，则主体和镜像数据库之间不能够实现故障的自动转移，需要手动来实现角色之间的切换。高级别保护模式的使用场景多为高数据完整性要求、无须实现故障自动转移、对服务可用性要求相对较低的场合。

3. 高性能

此模式没有见证服务器，主体服务器和镜像服务器之间采用异步传送模式。主体服务器上的事务直接提交后通知应用程序，无须等待镜像服务器的确认，所以主体数据库和镜像数据库之间有延迟的现象存在。没有了见证服务器进行仲裁，主体数据库和镜像数据库之间不能够实现故障的自动转移，需要手动来实现角色之间的切换。高性能模式多用于对性能要求高、主体镜像服务器相对较远、允许有延迟现象的场合。

4. 事务安全性的说明

数据库镜像会话中数据库的安全性可以设定为 Full 或 Off。Full 模式的特性为主体和镜像数据库实现同步传输，主体发送日志后需要等待镜像数据库的确认，主体数据库和镜像数据库的日志完全一致。Off 模式则表现为主体和镜像使用的异步传输模式，主体发送日志后无须等待镜像数据库的确认，主体数据库失败时，镜像服务器上可能会丢失部分日志，使得两者不能实时同步。

5. 仲裁

仲裁用于设定了见证服务器的镜像会话，用于高可用性模式。仲裁要求必须有两个或两个以上的服务器实例，且任一时间内必须要有一个伙伴为数据库提供服务，当故障发生时，仲裁决定故障的转移。

7-2-5　数据库镜像所需的环境

（1）支持数据库镜像所需的版本，确保主体服务器和镜像服务器使用相同的版本，如两个伙伴运行 SQL Server 2005 标准版或 SQL Server 2005 企业版，安装 SP2 以上补丁，否则需要使用跟踪标记 1400 来实现。

（2）一个主体服务器，一个镜像服务器，一个可选的见证服务器，见证服务器可以使用任意版本的 SQL Server 2005。

（3）主体服务器的主体数据库设置为 FULL 恢复模式。

实验 1：掌握 SQL Server 2005 配置数据库镜像、监控镜像状态及实现故障转移

（1）要在主体服务器实例对目标数据库进行备份，然后在镜像服务器实例上还原该数据库，并且保持数据库为还原状态。在主体服务器实例上新建 bbs 数据库，该数据库数据文件和日志文件放在 "E:\Program Files\Microsoft SQL Server\MSSQL.1\MSSQL\Data" 目录下，对 bbs 数据库进行备份，放在默认目录下，备份文件名为 bbs.bak，如图 7-3 所示。

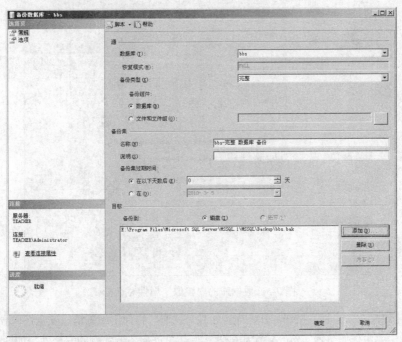

图 7-3　"备份数据库"对话框

（2）在镜像服务器实例上还原 bbs 数据库，并且保持数据库为还原状态，将数据库的数据文件和日志文件存放路径改为 "E:\Program Files\Microsoft SQL Server\MSSQL.4\MSSQL\Data"，如图 7-4 所示。

（3）在主体数据库上配置数据库镜像。选中 bbs 数据库，右击，在弹出的快捷菜单中选择"属性"命令，弹出"数据库属性"对话框，选择"镜像"选择页，如图 7-5 所示。

图 7-4　在镜像服务器实例上还原数据库

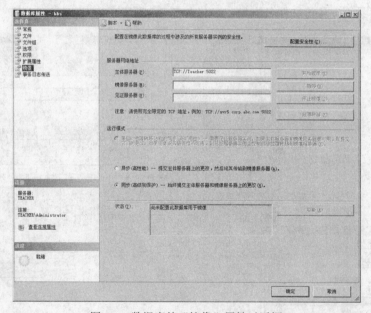

图 7-5　数据库的"镜像"属性对话框

（4）单击"配置安全性"按钮，开始配置镜像。这时，将弹出配置镜像安全性向导，该向导主要用来配置镜像中的主体服务器实例、镜像服务器实例与见证服务器实例的安全性，如图 7-6 所示。

（5）单击"下一步"按钮，将看到"包括见证服务器"对话框，如图 7-7 所示。在该对话框中选择是否包含见证服务器实例。如果不包含见证服务器实例，将无法实现自动的故障转移。

（6）选择"是"单选项，单击"下一步"按钮，弹出"选择要配置的服务器"对话框，如图7-8 所示。

（7）选中"见证服务器实例"复选框，单击"下一步"按钮，弹出"主体服务器实例"对话框，如图 7-9 所示。

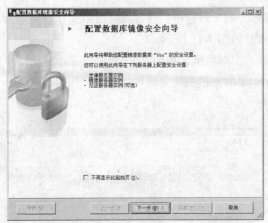

图 7-6　配置数据库镜像安全向导面　　　　　　图 7-7　"包括见证服务器"对话框

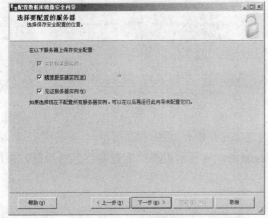
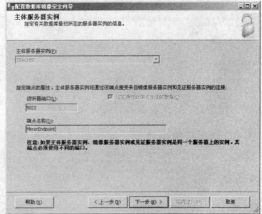

图 7-8　"选择要配置的服务器"对话框　　　　图 7-9　"主体服务器实例"对话框

（8）在该对话框中输入指定的端口号（默认为 5022 端口），以及镜像端点的名称，并单击"下一步"按钮，弹出"镜像服务器实例"对话框，如图 7-10 所示。在该对话框中单击"连接"按钮，选择要使用的镜像服务器实例，然后指定侦听端口号和端点的名称。

图 7-10　"镜像服务器实例"对话框

（9）单击"下一步"按钮，弹出"见证服务器实例"对话框。在该对话框中选择要使用的见证服务器实例，然后指定侦听端口号和端点的名称，如图 7-11 所示。

（10）再单击"下一步"按钮，弹出"服务账户"对话框，如图 7-12 所示。在该对话框中分别指定不同实例的服务账户，单击"下一步"按钮，如果服务器实例使用相同的账户作为 SQL Server 的服务账户，可以不填写这些账户。

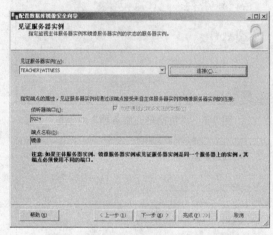

图 7-11　"见证服务器实例"对话框　　　　图 7-12　"服务账户"对话框

（11）直接单击"下一步"按钮，这时将看到完成对话框，如图 7-13 所示。

（12）单击"完成"按钮，完成镜像安全性的配置，将显示正在"配置端点"对话框，如图 7-14 所示。

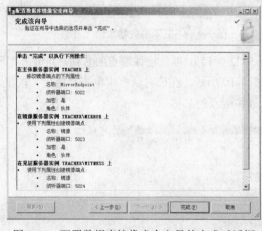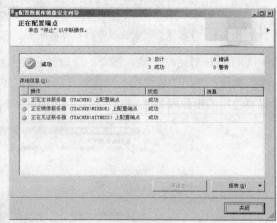

图 7-13　配置数据库镜像安全向导的完成对话框　　　　图 7-14　"正在配置端点"对话框

（13）配置成功后，将会收到一个提示，询问是否开始数据库镜像，单击"开始镜像"按钮，将会看到镜像属性界面中"开始镜像"按钮变成灰色，无法单击，现在数据库已经处于镜像状态，如图 7-15 所示。

（14）bbs 数据库的状态已经变成"主体，已同步"，而镜像数据库实例中的 bbs 数据库已经变成"镜像，已同步/正在还原"状态，如果没有变化，则单击上一个对话框的"刷新"按钮，如

图 7-16 所示。

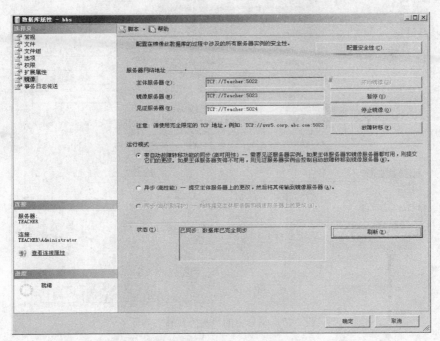

图 7-15　"镜像"状态对话框

图 7-16　"正在配置端点"界面

（15）在主体服务器上的 bbs 数据库中新建一张表，单击图 7-17 中的"故障转移"按钮。

（16）可以使用"数据库属性"窗口中的数据库镜像界面来切换数据库的镜像状态，在切换后，可以看到数据库的状态已经切换过来了，如图 7-18 所示，在主体服务器上的 bbs 数据库中新建的一张表已转移到镜像服务器的 bbs 数据库中。

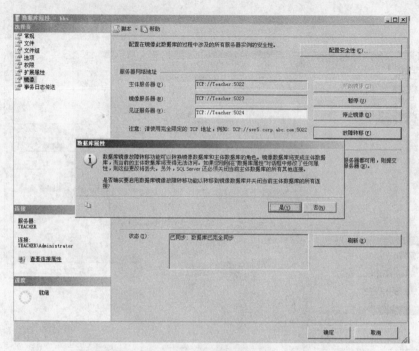

图 7-17　镜像中的"故障转移"界面

图 7-18　数据库的"镜像"状态界面

问题：为什么开始镜像时会弹出"SQL Server 无法创建镜像端点'镜像'"的提示？如图 7-19 所示。

默认情况下，数据库镜像是被禁用的，要启用数据库镜像，必须使用跟踪标志 1400。打开 SQL Server Configuration Manager 工具，分别单击 SQL Server(MSSQLSERVER)、SQL Server(MIRROR)、

SQL Server(WITNESS)3 个服务器的右键菜单中的"属性"命令，在属性对话框中单击"高级"选项卡，在"启动参数"栏中输入";-T1400"，重新启动 3 个服务器。如图 7-20 和图 7-21 所示。

图 7-19　"SQL Server 无法创建镜像端点'镜像'"的提示

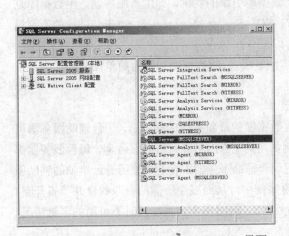

图 7-20　SQL Server Configuration Manager 界面　　图 7-21　"SQL Server (MSSQLSERVER)属性"对话框

7-3　日志传送

- 理解日志传送操作。
- 掌握配置日志传送过程。

通过日志传送，能够将事务日志备份从一个数据库（称为"主数据库"）发送到另一台服务器（称为"辅助服务器"）上的辅助数据库。在辅助服务器上，这些事务日志备份将还原到辅助数据库，并与主数据库保持紧密同步。可选择使用第三台服务器（称为"监视服务器"）来记录备份和还原操作的历史记录信息和状态，还可以让它在这些操作未按计划发生时发出警报。

7-3-1　日志传送简介

日志传送由 3 项操作组成:
（1）在主服务器实例中备份事务日志。
（2）将事务日志文件复制到辅助服务器实例。
（3）在辅助服务器实例中还原日志备份。

日志可传送到多个辅助服务器实例。在这种情况下，需要对每个辅助服务器实例重复操作（2）和操作（3）。日志传送配置不会自动从主服务器故障转移到辅助服务器。如果主数据库变为不可用，可手动使任意辅助数据库在线。日志传送还提供将查询处理从主服务器重新分配到一个或多个辅助数据库的方法。

1. 主服务器和数据库

在日志传送配置中，主服务器是 SQL Server 数据库引擎的实例，即生产服务器。主数据库是主服务器上希望备份到其他服务器的数据库。通过 SQL Server Management Studio 进行的所有日志传送配置管理都是在主数据库中执行的。

主数据库必须使用完整恢复模式或大容量日志恢复模式，将数据库切换为简单恢复模式会导致日志传送停止工作。

2. 辅助服务器和数据库

在日志传送配置中，辅助服务器是用来保存主数据库的最新备份的服务器。一台辅助服务器可以包含多台不同主服务器中数据库的备份副本。例如，某个部门可能有五台服务器，每台服务器都运行关键数据库系统。在这种情况下，可以只使用一台辅助服务器，而不必使用五台单独的辅助服务器。五个主系统上的备份都可以加载到这个备份系统中，从而减少所需的资源数量并节省开支。不太可能出现多个主系统同时发生故障的情况。另外，为了应对多个主系统同时不可用的罕见情况，辅助服务器的规格可以比各主服务器高。

辅助数据库必须通过还原主数据库的完整备份的方法进行初始化。还原时可以使用 NORECOVERY 或 STANDBY 选项。这可以手动或通过 SQL Server Management Studio 实现。

对辅助服务器应用事务日志备份的频率取决于主生产服务器数据库的事务日志备份频率。经常应用事务日志备份可减少在生产系统发生故障时使辅助服务器在线所需要做的工作。

可以指定事务日志备份在辅助数据库中还原的时间延迟。这将产生一个时间间隔。在这个时间间隔内，如果对主数据库进行了灾难性操作（例如，不小心删除了关键数据），可以中止还原。

3. 监视服务器

监视服务器是可选的，它可以跟踪日志传送的所有细节，包括：主数据库中事务日志最近一次备份的时间；辅助服务器最近一次复制和还原备份文件的时间；有关任何备份失败警报的信息。

监视服务器应独立于主服务器和辅助服务器，以避免由于主服务器或辅助服务器的丢失而丢失关键信息和中断监视。一台监视服务器可以监视多个日志传送配置。在这种情况下，使用该监视服务器的所有日志传送配置将共享一个警报作业。

7-3-2　日志传送操作

日志传送由 4 个操作组成：备份作业、复制作业、还原作业和警报作业，它们由专门的 SQL

Server 代理作业进行处理。

1. 备份作业

在主服务器实例上为每个主数据库创建一个备份作业。它执行备份操作，将历史记录信息记录到本地服务器和监视服务器上，并删除旧备份文件和历史记录信息。在启用日志传送时，主服务器实例上会创建 SQL Server 代理作业类别"日志传送备份"。默认情况下，此作业每两分钟运行一次。

2. 复制作业

在辅助服务器实例上为每个日志传送配置创建一个复制作业。此作业将备份文件从主服务器复制到辅助服务器，并在辅助服务器和监视服务器上记录历史记录信息。在启用日志传送时，辅助服务器实例上会创建 SQL Server 代理作业类别"日志传送复制"。

3. 还原作业

在辅助服务器实例上为每个日志传送配置创建一个还原作业。此作业将复制的备份文件还原到辅助数据库。它将历史记录信息记录在本地服务器和监视服务器上，并删除旧文件和旧历史记录信息。在启用日志传送时，辅助服务器实例上会创建 SQL Server 代理作业类别"日志传送还原"。

4. 警报作业

如果使用了监视服务器，将在警报监视器服务器实例上创建一个警报作业。此警报作业由使用监视器服务器实例的所有日志传送配置中的主数据库和辅助数据库共享。对警报作业进行的任何更改（例如，重新计划作业、禁用作业或启用作业）会影响所有使用监视服务器的数据库。如果在指定的阈值内未能成功完成备份和还原操作，此作业将引发主数据库和辅助数据库警报（必须指定警报编号）。必须为这些警报配置一个操作员来接收日志传送失败的通知。在启用日志传送时，监视服务器实例上会创建 SQL Server 代理作业类别"日志传送警报"。

如果未使用监视服务器，将在本地主服务器实例和每个辅助服务器实例上创建一个警报作业。如果在指定的阈值内未能成功完成备份操作，主服务器实例上的警报作业将引发错误。如果在指定的阈值内未能成功完成本地复制和还原操作，辅助服务器实例上的警报作业将引发错误。

7-3-3　配置日志传送

可以使用 SQL Server Management Studio 或手动运行一系列存储过程配置日志传送，配置日志传送包括以下基本步骤：

（1）选择作为主服务器、辅助服务器和可选的监视服务器的服务器。

（2）最好在不属于日志传送配置的容错服务器上，为事务日志备份创建文件共享。为了尽可能地提高主服务器的可用性，Microsoft 建议最好将备份共享放在单独的主机上。

（3）选择主数据库的备份计划。

（4）为每个辅助服务器创建一个文件夹，事务日志备份文件将会复制到其中。这些文件夹通常位于辅助服务器上。

（5）配置一个或多个辅助数据库。

（6）（可选）配置一个监视服务器。

为日志传送配置辅助服务器后，可以在 Management Studio 日志传送"辅助数据库设置"对话框中选择以下选项来设置辅助数据库：自动创建主数据库备份，可以在需要时将其还原到辅助服务器，以创建辅助数据库；如果需要，将现有的主数据库备份还原到辅助服务器，以创建辅助数据库。

也可以通过手动还原数据库备份的方法来初始化辅助数据库。

实验 2：配置日志传送

事务日志传送的就是由主库（主体服务器）不断产生事务日志文件的备份（或者叫归档日志，可能更好理解），而备库（辅助服务器）不断还原这些事务日志备份文件的过程。

主库（主体服务器）的实例为默认实例：SQL Server (MSSQLSERVER)；备库（辅助服务器）实例：SQL Server (MIRROR)；监视服务器：SQL Server (WITNESS)。

（1）如果你的备库（辅助服务器）服务是使用"本地系统"这个用户启动的话，不可以还原远程的备份文件，如果不修改启动的用户的话，等一下做事务日志传送时就会报错："无法打开备份设备的备份文件，拒绝访问"。

为了解决这个问题，需要让备库（辅助服务器）不运行在"本地系统"这个账号上面。创建一个普通的用户，例如叫做 SqlUser。右击"我的电脑"，然后单击"管理"选项，将打开计算机管理界面，单击"本地用户和组"，新建用户 SqlUser，如图 7-22 所示。

（2）将这个用户加入到那堆 SQLServer2005*****的组里面，如果不加入这些组的话，SQL Server 会启动不了，如图 7-23 所示。

图 7-22　SqlUser 用户属性设置

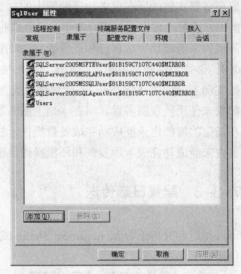

图 7-23　SqlUser 用户隶属于组设置

（3）修改备库（辅助服务器）的 SQL Server 的启动账户的用户为 SqlUser，重新启动 SQL Server 服务，选择 SQL Server Configuration Manager 工具，单击"SQL Server 2005 服务"、选中"SQL Server (MIRROR)"右击，在弹出快捷菜单中选择"属性"命令，弹出"SQL Server(MIRROR)属性"对话框，如图 7-24 所示。

（4）在主库的服务器上面也建一个 SqlUser 的用户，但是这个用户需要属于 Users 组，当然主库、备库的 SqlUser 的密码要一样。在主库上面建一个共享文件夹"c:\backup"，对该共享文件夹添加 SqlUser 用户，并设置可读写权限，如图 7-25 所示。

（5）在图形化界面中，打开"数据库属性"对话框，选择"事务日志传送"选择页，如图 7-26 所示。选择"将数据库启用为日志传送中的主数据库"复选框，从而将该数据库实例作为事务日志传送的主数据库。

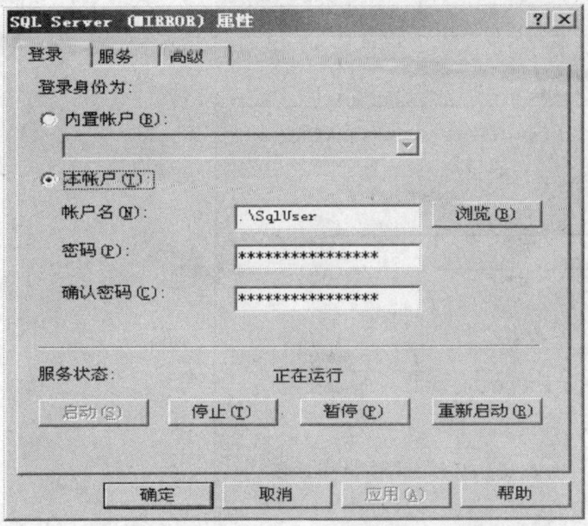

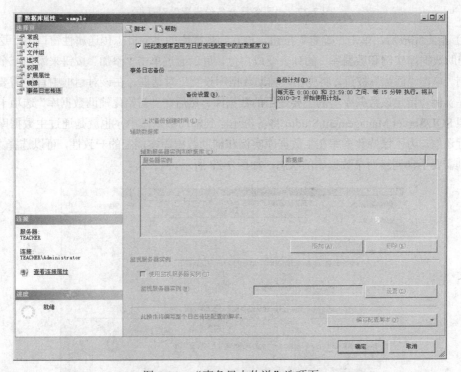

图 7-24　SQL Server (MIRROR)启动账户设置 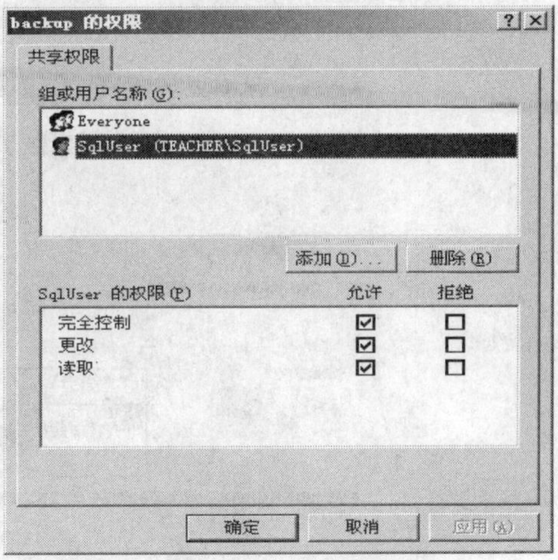　　　　图 7-25　共享文件夹权限设置

图 7-26　"事务日志传送"选项页

（6）单击"备份设置"按钮，开始配置主数据库到辅助数据库的备份设置。这时，将弹出"事务日志备份设置"对话框，在弹出的对话框中需要指定主数据库如何进行备份，包括备份文件存放的位置、备份文件的周期，以及什么时候删除备份文件等设置。注意，在备份文件夹中，需要指定一个网络路径，这样辅助数据库才可以拿到该备份文件，从而进行还原。输入备份文件夹的网络路径为"\\teacher\backup"，文件夹的本地路径为"c:\backup"，如图 7-27 所示。

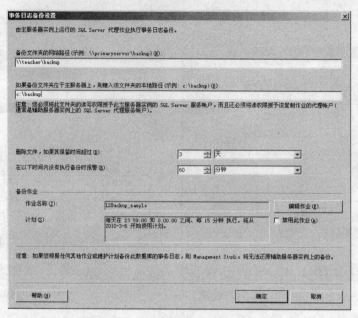

图 7-27 "事务日志备份设置"对话框

（7）指定完成后，单击"确定"按钮，再回到数据库的事务日志传送属性窗口中，这时可以看到"辅助数据库实例和数据库"的列表变成白色，可以通过单击"添加"按钮来添加一个辅助数据库实例。单击"添加"按钮，将弹出"辅助数据库设置"对话框。在该对话框中首先需要连接辅助数据库实例，指定该数据库实例上要使用的数据库，然后在"初始化辅助数据库"选项卡中选择是否希望 SQL Server Management Studio 将备份还原到辅助数据库中，也就是通过主数据库的完整备份进行还原。为了保持数据库在主数据库实例和辅助数据库实例上的一致性，可以选择"是"选项，否则需要手动同步两个数据库的状态，如图 7-28 所示。

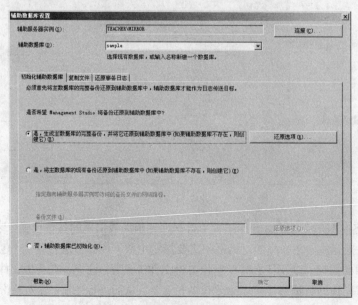

图 7-28 "辅助数据库设置"选项卡

（8）单击"还原选项"按钮，弹出"还原选项"对话框，定义辅助数据库的数据文件和日志文件的存放位置，如果使用默认的路径（辅助数据库服务器的安装目录：C:\Program Files\Microsoft SQL Scrver\MSSQL.4\MSSQL\Data），可以保持两个文本框为空，现更改备库（辅助服务器）上数据文件和日志文件的存放位置为"c:\backup2"，如图 7-29 所示。

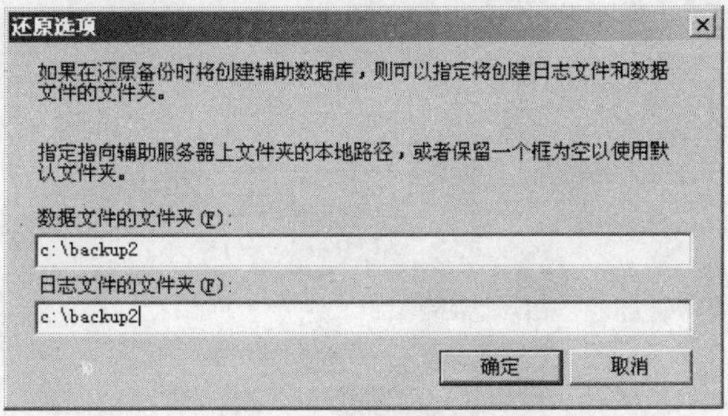

图 7-29　"还原选项"对话框

（9）在"辅助数据库设置"对话框中，选择"复制文件"选项卡，在该选项卡中需要指定主数据库的备份文件如何通过网络复制到辅助数据库服务器上，这时要指定复制文件的目标文件夹，该文件夹存在于辅助数据库实例上，需要指定复制的周期、删除的周期。设置复制文件的目标文件夹为"c:\backup2"，如图 7-30 所示。

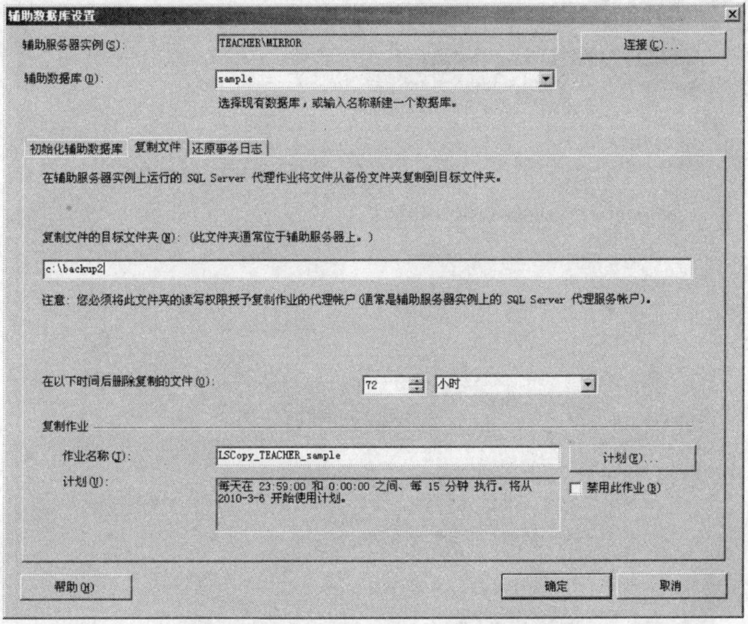

图 7-30　"复制文件"选项卡

（10）选择"还原事务日志"选项卡，在该选项卡中需要指定辅助数据库服务器上的备份文件如何还原到辅助数据库实例上。这时需要指定还原备份时的数据库状态为"无恢复模式"，并且指定还原的计划，如图 7-31 所示。配置完成后，单击"确定"按钮，关闭该对话框，回到数据库事务日志传送属性窗口中，这时就可以看到刚刚添加的辅助数据库实例了。

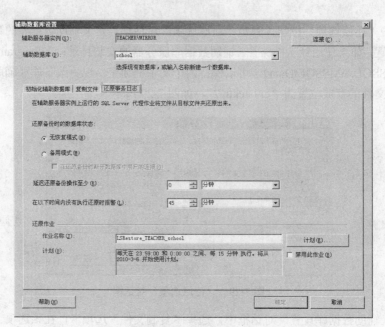

图 7-31　"还原事务日志"选项卡

（11）单击下面监视服务器实例中的"设置"按钮来添加一个监视服务器，这时将弹出"日志传送监视器设置"对话框，如图 7-32 所示。在该对话框中需要指定监视服务器实例，并指定如何连接到监视服务器实例。

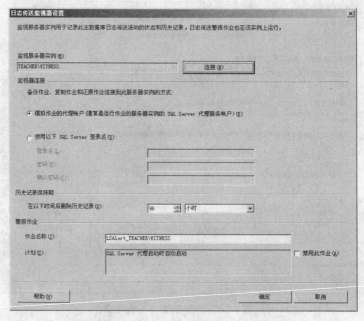

图 7-32　"日志传送监视器设置"对话框

（12）单击"确定"按钮关闭该对话框，再单击"确定"按钮关闭"数据库属性"窗口。这时，事务日志传送将根据用户的配置，按照指定的周期有序地进行，如图 7-33 所示。

（13）事务日志备份完成后，备库依然处于"正在还原"状态，还是不能写入，执行以下语句就可以使备库正式使用了：

```
restore database sample with recovery
```

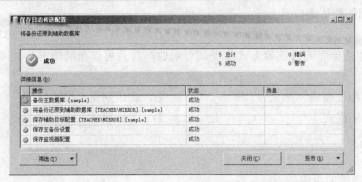

图 7-33　"保存日志传送配置"对话框

 本章考纲

- 理解实现 SQL Server 2005 高可用性技术分类。
- 了解 SQL Server 2005 高可用性技术的特点。
- 了解数据库镜像的操作模式。
- 理解数据库镜像的工作过程。
- 掌握 SQL Server 2005 数据库镜像原理并配置数据库镜像、监控镜像状态及实现故障转移。
- 理解日志传送操作。
- 掌握配置日志传送的过程。

课后练习

一、填空题

1. 有 3 种数据可用性的解决方案，包括故障转移群集、镜像、日志传送，而_____是 SQL Server 2005 中的新功能，目前很多企业十分关注这个功能。

2. 数据库镜像可以使用 3 种不同的操作模式：_____、_____、_____。在镜像会话期间，故障发生时，不同的操作模式对应着不同的事务转换方式。

3. 通过_____能够将事务日志备份从一个数据库（称为"主数据库"）发送到另一台服务器（称为"辅助服务器"）上的辅助数据库。

二、选择题

1. 在 SQL Server 2005 中，新的数据库高可用性是（　　）。

　　A．复制　　　　　　　　　　　　　　B．故障转移群集

　　C．数据库镜像　　　　　　　　　　　D．事务日志传送

2. 在配置镜像的过程中，是否可以实现自动的故障转移取决于（　　）。

A．是否包含主体服务器   B．是否包含镜像服务器
C．是否包含见证服务器   D．使用同步/异步方式同步数据

3．镜像使用的默认端口号为（   ）。

A．1433   B．1434   C．433   D．5022

4．如果希望数据库通过镜像方式实现高可用性，并且可以自动地进行故障转移，需要使用
（   ）。

A．高可用性模式   B．高级别保护模式
C．高性能模式   D．见证模式

三、简答题

简述数据库镜像的组成。

第 8 章　SQL Server 2005 分析服务

本章内容

- 定义数据源视图
- 定义和部署多维数据集

使用 SQL Server 2005 Analysis Services（SSAS）可以方便地创建复杂的联机分析处理（OLAP）和数据挖掘解决方案。Analysis Services 工具提供了设计、创建和管理来自数据仓库的多维数据集，以实现对 OLAP 的支持。通过分析服务 SSAS）可以从现有的数据中寻找一些规律，为企业的决策提供解决方案。

8-1　定义数据源视图

学习目标

- 理解数据源视图。
- 掌握 Analysis Services 工具的使用。

8-1-1　创建分析服务项目

Business Intelligence Development Studio 是一种基于 Microsoft Visual Studio 2005 的开发环境，用于创建商业智能解决方案。使用 Business Intelligence Development Studio，可以创建包含 Analysis Services 对象（多维数据集、维度等）定义的 Analysis Services 项目，这些定义存储在包含 Analysis Services 脚本语言（ASSL）元素的 XML 文件内。这些项目包含在同时还可含有其他 SQL Server 组件（包括 SQL Server 2005 Integration Services（SSIS）和 SQL Server 2005 Reporting Services（SSRS））的项目的解决方案中。在 Business Intelligence Development Studio 中，可以开发 Analysis Services 项目，作为独立于任意特定 Analysis Services 实例的解决方案的一部分。可以向测试服务器的实例部署对象，以便在开发期间进行测试，然后再使用同一个 Analysis Services 项目，向一个或多个临时服务器或生产服务器实例部署对象。包含 Analysis Services、Integration Services 和 Reporting Services 的解决方案中的项目和项可以与源代码控制程序（如 Microsoft Visual SourceSafe）集成。

实验 1：创建分析服务项目 MyFirstAnalysis

（1）单击"开始"→"所有程序"→Microsoft SQL Server 2005→Business Intelligence Development Studio 选项，Microsoft Visual Studio 2005 的开发环境。

（2）选择"文件"→"新建"→"项目"命令，弹出"新建项目"对话框。

（3）从"项目类型"窗格中选择"商业智能项目"，再在"模板"窗格中选择"Analysis Services 项目"，将项目名称更改为 MyFirstAnalysis，这也将更改解决方案名称为 MyFirstAnalysis，然后单击"确定"按钮，如图 8-1 所示。

解决方案可以包含多个项目；每个项目包含一个或多个项。基于项目模板创建的项目包含了可以为该项目定义的每种对象类型的文件夹。Analysis Services 项目包含以下文件夹：数据源、数据源视图、多维数据集、维度、挖掘结构、角色、程序集和杂项，如图 8-2 所示。

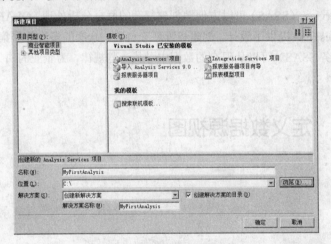

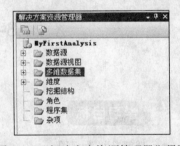

图 8-1　"新建项目"对话框　　　　　图 8-2　"解决方案资源管理器"界面

8-1-2　定义数据源

在 Microsoft SQL Server 2005 Analysis Services（SSAS）中，数据源表示到数据源的连接，并包含定义 Analysis Services 如何使用托管 Microsoft .NET Framework 或本机 OLE DB 访问接口连接到物理数据存储区的连接字符串。连接字符串包含服务器名称、数据库、安全性、超时值以及其他与连接相关的信息。Analysis Services 直接支持多种数据源。受支持的数据源包括 Microsoft SQL Server 数据库以及通过其他产品创建的数据库。可以定义新的数据源，也可以根据以前定义的数据源来定义数据源。

创建 Microsoft SQL Server 2005 Analysis Services（SSAS）项目后，通常通过使用一个或多个数据源来开始使用此项目，定义数据源时，将定义用于连接数据源的连接字符串信息。

实验 2：把 AdventureWorksDW 示例数据库定义为 MyFirstAnalysis 项目的数据源

（1）在解决方案资源管理器中，右击"数据源"选项，在弹出的快捷菜单中选择"新建数据源"命令，将打开数据源向导，如图 8-3 所示，单击"下一步"按钮。

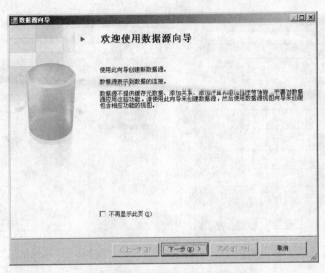

图 8-3　数据源向导对话框

（2）将显示"选择如何定义连接"对话框，如图 8-4 所示，在该对话框中定义数据源可以基于新连接、现有连接或以前定义的数据源对象，以前定义的数据源对象是当前项目中或当前解决方案的其他项目中定义的现有数据源。本实验中将基于新连接定义新数据源，单击"新建"按钮。

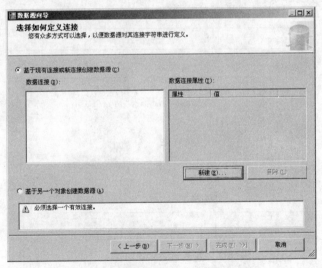

图 8-4　"选择如何定义连接"对话框

（3）显示"连接管理器"对话框，在此对话框中可以定义数据源的连接属性，如图 8-5 所示，然后在"提供程序"下拉列表中选中"本机 OLE DB\SQL Native Client"，在"服务器名"文本框中输入 localhost，"登录到服务器"选中"使用 Windows 身份验证"，在"选择或输入一个数据库名"下拉列表中选择 AdventureWorksDW 选项，单击"测试连接"按钮，显示"连接测试成功"，然后单击"确定"按钮，再单击"下一步"按钮。

（4）将显示"模拟信息"对话框，如图 8-6 所示，该对话框可以定义 Analysis Services 用于连接数据源的安全凭据，选择"使用服务账户"单选按钮，然后单击"下一步"按钮。

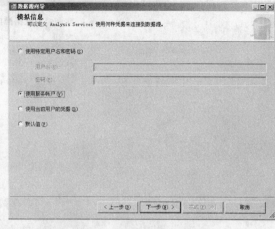

图 8-5 "连接管理器"对话框   图 8-6 "模拟信息"对话框

（5）随后出现"完成向导"对话框，如图 8-7 所示，在该对话框中单击"完成"按钮，创建名为 Adventure Works DW 的新数据源。至此，已经为 MyFirstAnalysis 项目成功定义了 Adventure Works DW 的数据源。

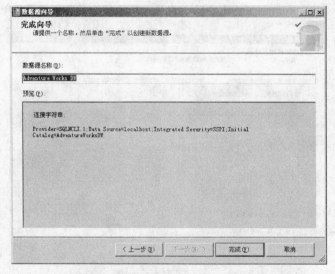

图 8-7 数据源"完成向导"对话框

8-1-3 定义数据源视图

数据源视图是 UDM 和以 XML 格式存储的挖掘结构所使用的架构元素的元数据定义。数据源视图包含数据库对象（即多维数据集、维度和挖掘结构）使用的架构的逻辑模型。数据源视图包含表示一个或多个基础数据源中选定对象的元数据，或将用于生成基础关系数据存储区的元数据；可通过一个或多个数据源生成，允许将多维数据集和维度定义为从多个源集成数据；可以包含不在基础数据源中以及独立于基础数据源而存在的关系、计算列和查询；对于客户端应用程序是不可见的。

在实验 2 中，定义了 Microsoft SQL Server 2005 Analysis Services（SSAS）项目中使用的数据

源，下一步将在实验 3 中定义项目的数据源视图。数据源视图是一个元数据的单一统一视图，该元数据来自指定的表以及数据源在项目中定义的视图。通过在数据源视图中存储元数据，可以在开发过程中使用元数据，而无需打开与任何基础数据源的连接。

实验 3：定义一个数据源视图（包括来自数据源 Adventure Works DW 的 5 个表）

（1）在解决方案资源管理器中右击"数据源视图"选项，在弹出的快捷菜单中选择"新建数据源视图"命令，将打开数据源视图向导，如图 8-8 所示，单击"下一步"按钮。

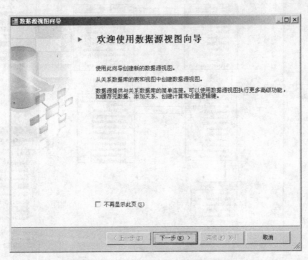

图 8-8　数据源视图向导对话框

（2）将显示"选择数据源"对话框，单击"下一步"按钮，此时将显示"选择表和视图"对话框，在此对话框中可以从选定的数据源提供的对象列表中选择表和视图，在"可用对象"列表中选择 DimCustomer、DimGeography、DimProduct、DimTime、FactInternetSales 表，单击">"按钮将选中的表添加到"包含的对象"列表中，如图 8-9 所示，单击"下一步"按钮，再单击"完成"按钮定义 Adventure Works DW 数据源视图。

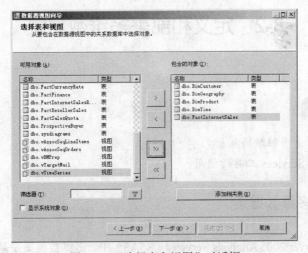

图 8-9　"选择表和视图"对话框

（3）如图 8-10 所示是 Adventure Works DW 数据源视图，可以在其"关系图"窗格中查看所有表及其相互关系。在 FactInternetSales 表和 DimTime 表之间存在三种关系，每个销售都具有三个与其关联的日期：订单日期、到货日期和发货日期。

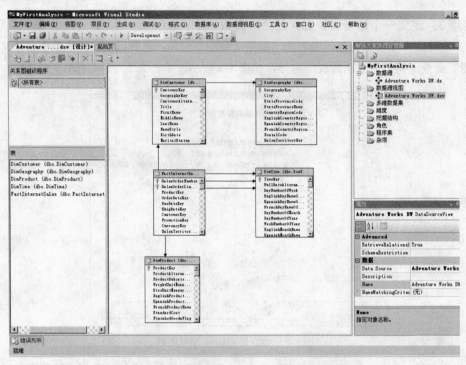

图 8-10   Adventure Works DW 数据源视图界面

至此，已经为 MyFirstAnalysis 项目成功定义了 Adventure Works DW 的数据源视图，该视图包括来自 Adventure Works DW 的数据源的 5 个表的元数据，下面将根据这 5 个表定义 MyFirstAnalysis 项目多维数据集的初始版本。

8-2   定义和部署多维数据集

学习目标

- 学习定义和部署多维数据集。
- 掌握 Analysis Services 工具的使用。

8-2-1   定义多维数据集

Microsoft SQL Server 2005 Analysis Services（SSAS）中，多维数据集是基于在数据源视图中建模的表和视图开发的。多维数据集是度量值（事实数据）和维度（可涵盖感兴趣的各个方面，例如时间、产品和客户）组成的集合。若要定义多维数据集，请选择一个数据源视图，再选择事实数据表和维度表，在事实数据表中标识度量值，然后定义属性和层次结构。可以基于现有维度定义多维数据集，也可以定义新的多维数据集。

Microsoft SQL Server 2005 Analysis Services（SSAS）对象中定义了一个数据源视图后，就可以定义一个初始的 Analysis Services 多维数据集了。可以先定义与任何多维数据集都无关的维度，再定义使用这些维度的一个或多个多维数据集。如果创建的是一个简单多维数据集，也可以使用 Business Intelligence Development Studio 中的多维数据集向导，一次性定义一个多维数据集及其维度；如果设计的是一个较复杂的解决方案，该方案由多个共享公共数据库维度的多维数据集组成，则通常在数据库级别定义维度入手，这些维度称为"数据库维度"，然后，可以定义解决方案中的每个多维数据集，指定是否在每个多维数据集中使用各个数据库维度及其使用方式，这些维度称为"多维数据集维度"，单个数据库维度可用作多个多维数据集维度的基础。

在实验 3 中已经定义了一个数据源视图，现在就可以定义一个初始的 Analysis Services 多维数据集了。可以使用多维数据集向导（可以从 Business Intelligence Development Studio 访问它）生成新的多维数据集。启动多维数据集向导的方法是：在解决方案资源管理器中展开要在其中创建多维数据集的项目，右击"多维数据集"文件夹，在弹出的快捷菜单中选择"新建多维数据集"命令。

实验 4：定义一个多维数据集

（1）在解决方案资源管理器中，右击"多维数据集"文件夹，在弹出的快捷菜单中选择"新建多维数据集"命令。弹出"欢迎使用多维数据集向导"对话框，单击"下一步"按钮，将显示"选择生成法"对话框，如图 8-11 所示。

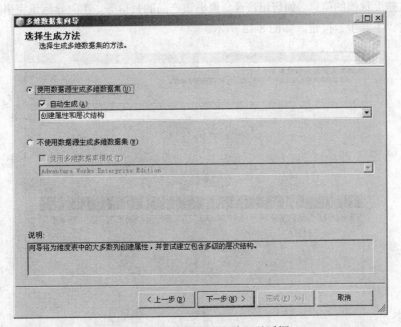

图 8-11　"选择生成方法"对话框

（2）在"选择生成法"对话框中确认已选中"使用数据源生成多维数据集"单选按钮和"自动生成"复选项，然后单击"下一步"按钮，将显示"选择数据源视图"对话框，在该页面确认已选中 Adventure Works DW 的数据源视图，然后单击"下一步"按钮，如图 8-12 所示。

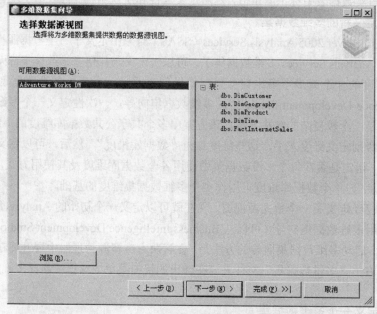

图 8-12   "选择数据源视图"对话框

（3）打开"检测事实数据表和维度表"对话框，向导将扫描在数据源对象中定义的数据库中的表，以标识事实数据表和维度表，其中事实数据表包含相关的度量值，如售出的部件数等；维度表包含有关这些度量值的信息，如售出产品、售出该产品的月份等。在向导标识完事实数据表和维度表后，单击"下一步"按钮，如图 8-13 所示。

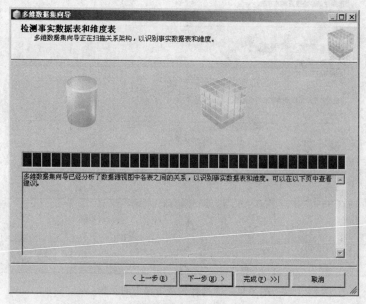

图 8-13   "检测事实数据表和维度表"对话框

（4）打开"标识事实数据表和维度表"对话框，如图 8-14 所示，将显示该向导所标识的事实数据表和维度表。对于当前项目，该向导标识了 4 个维度表和 1 事实数据表，在"标识事实数据表和维度表"页的"时间维度表"下拉列表中选择 Time，然后单击"下一步"按钮。

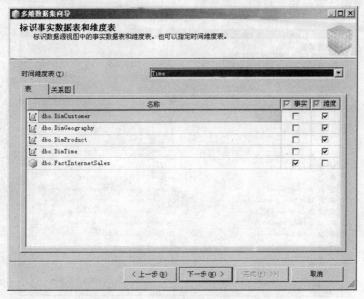

图 8-14　"标识事实数据表和维度表"对话框

（5）打开"选择时间段"对话框，将"时间属性名称"映射到已指定为"时间"维度的维度表中的相应列，将"年"属性映射到 CalendarYear 列，将"半年"属性映射到 CalendarSemester 列，将"季度"属性映射到 CalendarQuarter 列，将"月"属性映射到 EnglishMonthName 列，将"日期"属性映射到 FullDateAlternateKey 列，如图 8-15 所示显示了该向导中的这些列映射，然后单击"下一步"按钮。

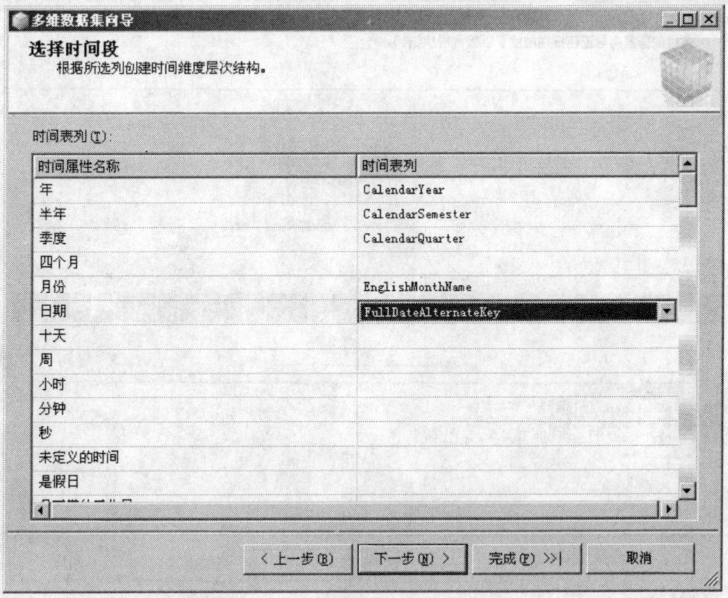

图 8-15　"选择时间段"对话框

（6）打开"选择度量值"对话框，如图 8-16 所示，清除下列度量值的复选框：Promotion key（促销关键字）、Currency key（货币关键字）、Sales Territory key（销售区域关键字）、Revision Number（修订号），然后单击"下一步"按钮。

图 8-16　"选择度量值"对话框

（7）打开"检测层次结构"对话框，如图 8-17 所示，由于前面已在该向导选择了"自动生成"选项，因此该向导将扫描层次结构，对定义为维度表的表中的各列记录进行采样，以确定列之间是否存在层次结构关系。层次结构关系是多对一关系，在该向导完成对维度的扫描和对层次结构的检测后单击"下一步"按钮。

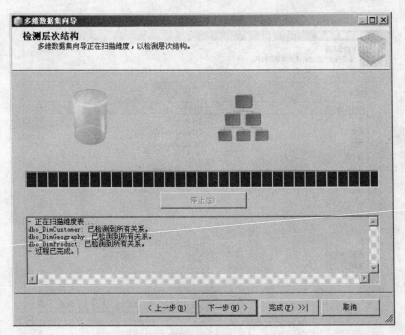

图 8-17　"检测层次结构"对话框

（8）打开"查看新建维度"对话框，如图 8-18 所示，展开树控件将显示该向导检测到的 3 个维度的层次结构和属性。

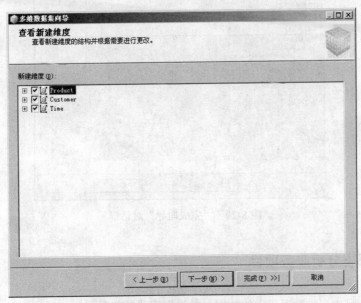

图 8-18　"查看新建维度"对话框

（9）打开"查看新建维度"对话框，展开 Product 维度，清除 Large Photo 复选框，Large Photo 列是用来存放大型照片的数据列，它在本示例中不是很有用，但可能会占用大量空间，因此最好将其从多维数据集中删除，如图 8-19 所示，然后单击"下一步"按钮。

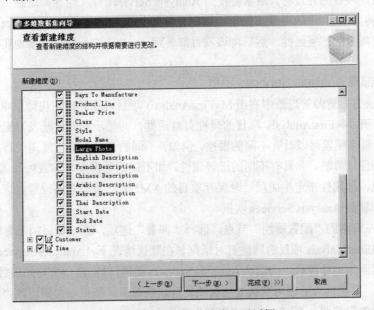

图 8-19　"查看新建维度"对话框

（10）打开"完成向导"对话框，可以查看多维数据集的度量值组、度量值、维度、层次结构和属性，如图 8-20 所示，然后单击"完成"按钮。

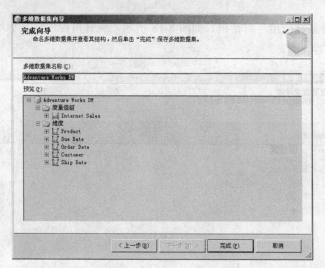

图 8-20   "完成向导"对话框

8-2-2   部署分析服务项目

要查看位于项目中多维数据集中的数据，必须将该项目部署到 Analysis Services 的指定实例，然后处理该多维数据集和维度。部署 Analysis Services 项目的过程是：在 Analysis Services 实例中创建定义的对象，处理 Analysis Services 实例中的对象是将基础数据源中的数据复制到多维数据集的对象中。

完成业务智能项目的开发时，通常会使用 Analysis Services 开发向导部署到生产服务器。在下面的实验 5 中将实验 4 中的多维数据集部署到开发服务器上的 Analysis Services 实例中，查看 MyFirstAnalysis 项目的部署属性，然后将该项目部署到 Analysis Services 的本地实例中。

实验 5：部署 Analysis Services 项目

（1）在解决方案资源管理器中右击 MyFirstAnalysis 项目，在弹出的快捷菜单中选择"属性"命令。这时将打开 MyFirstAnalysis 项目的属性页对话框，并显示活动（开发）配置的属性。可以定义多个配置，每个配置可以具有不同的属性。例如，不同的开发人员可能需要将同一项目配置为部署到不同的开发计算机，并具有不同的部署属性，如不同的数据库名称或处理属性。注意"输出路径"属性的值。该属性指定生成项目时保存项目的 XMLA 部署脚本的位置。这些脚本用于将该项目中的对象部署到 Analysis Services 实例。

（2）单击左窗格的"配置属性"节点，选择"部署"选项，查看项目的部署属性，如图 8-21 所示显示了 MyFirstAnalysis 项目的属性页对话框。在默认情况下，Analysis Services 项目模板将所有项目增量部署到本地计算机上的默认 Analysis Services 实例，以创建一个与此项目同名的 Analysis Services 数据库，并在部署后使用默认处理选项处理这些对象。如果不希望更改"服务器"属性的值，则单击"取消"按钮；否则，单击"确定"按钮。

（3）在解决方案资源管理器中右击 MyFirstAnalysis 项目，在弹出的快捷菜单中选择"部署"命令，或者在"生成"菜单中选择"部署 MyFirstAnalysis"命令。Business Intelligence Development

Studio 将生成 MyFirstAnalysis 项目，然后使用部署脚本将其部署到指定的 Analysis Services 实例中。部署进度将在下列两个窗口中显示："输出"窗口和"部署进度-MyFirstAnalysis 窗口"，"输出"窗口显示部署的整体进度，"部署进度- MyFirstAnalysis 窗口"显示部署过程中每个步骤的详细信息。查看"输出"窗口和"部署进度-MyFirstAnalysis 窗口"的内容，验证是否已生成、部署和处理多维数据集，并且没有出现错误。如图 8-22 所示显示了"部署进度- MyFirstAnalysis 窗口"部署成功完成界面。

图 8-21　部署 Analysis Services 项目的属性页对话框

图 8-22　"部署进度-MyFirstAnalysis
窗口"界面

（4）再次选择"浏览器"选项卡，回到多维数据集设计器窗口中，查看多维数据集。按住鼠标左键将 Customer 表中的 State Province Name 字段拖放到"将行字段托至此处"；单击 Measures，将 Internet 中的 Order Quantity、Unit Price、Extended Amount、Unit Price Discount Pct 字段拖放到"将汇总或明细字段拖至此处"。至此已经将 MyFirstAnalysis 多维数据集成功部署到 Analysis Services 的本地实例，并已对部署的多维数据集进行了处理。现在，可以浏览多维数据集中的实际数据，如图 8-23 所示。

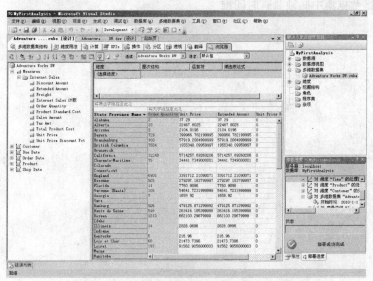

图 8-23　浏览多维数据集中的实际数据界面

本章考纲

- 理解数据源视图。
- 掌握 Analysis Services 工具的使用。
- 学习定义和部署多维数据集。
- 掌握 Analysis Services 工具的使用。

课后练习

一、选择题

1. SSAS 的作用是（　　）。
    A. 数据的分析和挖掘　　　　　　　　B. 生成报表
    C. 数据集成　　　　　　　　　　　　D. 数据存储
2. 开发 SSAS 项目，需要使用的开发工具是（　　）。
    A. SQL Server Business Intelligence Development Studio
    B. SQL Server 配置管理器
    C. SQL Server Management Studio
    D. SQL Server 外围应用配置器
3. 下列说法中正确的是（　　）。
    A. 在 SQL Server 2005 中，表只能当作事实数据表
    B. 在 SQL Server 2005 中，表可以用作事实数据表，或者用作维度表
    C. 在 SQL Server 2005 中，表既可以用作事实数据表，又可以用作维度表
    D. 多维数据集中必须要有时间维

第 9 章 SQL Server 2005 报表服务

本章内容

- SQL Server 2005 Reporting Services（SSRS）简介
- 如何创建基本的报表
- 如何管理基本的报表

9-1 SQL Server 2005 Reporting Services 简介

学习目标

- 了解 SSRS 的基本结构，学习 SSRS 的分层结构的特点。
- 掌握 SSRS 的基本配置和扩展配置。

Microsoft SQL Server Reporting Services（SSRS）是一种基于服务器的新型报表平台，可用于创建和集中管理包含来自关系数据源和多维数据源的数据的表格、矩阵、图形和自由格式报表。可以通过基于 Web 的连接来查看和管理创建的报表，支持报表创作、分发、管理和最终用户访问，允许多个用户采用为不同设备设计的格式同时查看同一报表、报表快照，或快速更改报表的查看格式（PDF、Microsoft Excel、XML……）。

本节主要介绍 SQL Server 2005 报表服务的基本结构、配置情况以及主要特性等。

9-1-1 SSRS 的基本结构

SSRS 主要由两部分共同组成：数据获取和报表呈现，其中数据获取的途径既可以通过 SQL Server、Oracle 等数据库管理系统直接获取，也可以通过 OLE DB、ODBC 和其他传统渠道获取。报表可以呈现多种的表现方式，既可以是传统的网页和窗体形式，也可以是 Excel、PDF 等文件形式。在整体的报表服务结构中，扩展插件和配置目录是相对不太容易理解的地方，下面进行说明。

1. 扩展插件

扩展插件是现有报表处理功能之外的被报表处理器调用以实现特定处理功能的.NET 程序集，分布在整个报表生命周期（报表制作、报表管理、报表传输以及报表安全）的不同阶段，RS 至少同时具备一个身份验证扩展插件、一个数据处理扩展插件和一个呈现扩展插件，而传输扩展插件则

是可选的。

2．配置目录

安装、配置 SSRS 时，数据库引擎生成两个数据库 ReportServer 和 ReportServerTempDB，存储 RS 使用的信息。SSRS 的基本结构如图 9-1 所示。

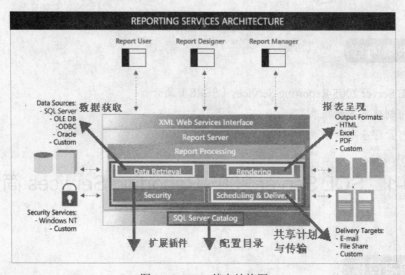

图 9-1　SSRS 基本结构图

3．SSRS 的分层结构

SSRS 在逻辑结构上可以分为三层。

（1）Report Server。处理 SOAP、URL 请求和 Report 操作、管理，提供快照和报告缓存管理，支持应用安全策略和授权 Report Server，负责日程计划和批操作的 Windows 服务。

（2）Report Server Catalog。包含两个 SQL Server 系统数据库：ReportServer、ReportServerTempDB（存放会话、缓存），可以重新创建，同步会生成 TempDB 数据库，存储 RS 使用信息，如报表定义、元数据、缓存报表、快照、相关的资源、安全设置、账户信息、共享计划以及有关 Extensions 的信息等。

（3）Client Application。通过 SOAP Web 服务和 URL 请求访问服务器、Report Management 工具和 Report Viewer、Report Builder 等程序。SSRS 的分层结构如图 9-2 所示。

9-1-2　SSRS 的配置情况

SSRS 的配置分为两种：基本配置和扩展配置。

（1）基本配置。由单个报表服务器实例组成，由图 9-3 可见，使用本地或远程 SQL Server 数据库引擎来承载报表服务器数据库是可能的，可使用 SQL Server 2000 或 SQL Server 2005 版本来承载数据库服务器。

（2）扩展配置。在 SSRS 的基本配置基础上，通过扩展配置可以将一部分的报表故障，通过数据库的 SQL Server 实例将部分故障转移到故障转移群集中，如图 9-4 所示。

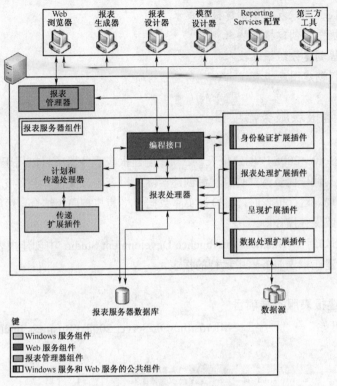

图 9-2　SSRS 的分层结构图

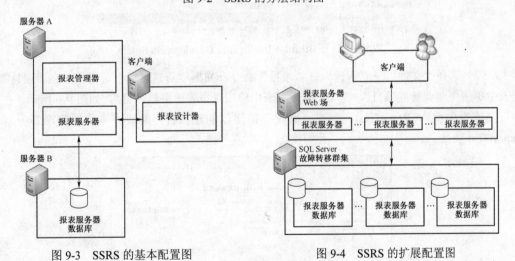

图 9-3　SSRS 的基本配置图　　　　图 9-4　SSRS 的扩展配置图

9-2　创建基本报表

● 学习并掌握创建报表服务器项目技术。

- 学习并掌握通过报表向导创建报表技术。
- 学习并掌握手工创建报表技术。
- 学习并掌握创建分组报表技术。
- 学习并掌握创建图表报表技术。

9-2-1　创建报表服务器项目

　　若要在 SQL Server 2005 中创建报表，必须先创建报表服务器项目以用于保存报表定义（.rdl）文件和报表所需的其他任何资源文件，然后创建实际的报表定义文件、定义报表的数据源、定义数据集并定义报表布局。运行报表时，将检索实际数据并将其与布局相结合，然后呈现在屏幕上，以便执行导出、打印或保存操作。

　　本小节将介绍如何在 Business Intelligence Development Studio 中创建报表服务器项目。报表服务器项目用于创建在报表服务器中运行的报表。

实验 1：创建报表服务器项目

　　（1）单击"开始"→"程序"→Microsoft SQL Server 2005→Business Intelligence Development Studio，如图 9-5 所示。

图 9-5　打开 Business Intelligence Development Studio

　　（2）选择"文件"→"新建"→"项目"命令，弹出"新建项目"对话框。在"项目类型"列表中单击"商业智能项目"，在"模板"列表中单击"报表服务器项目"，如图 9-6 所示。在"名称"文本框中键入 ReportTest，单击"确定"按钮以创建项目。解决方案资源管理器中将显示 ReportTest 项目。

图 9-6　打开商务智能项目的报表模型项目

实验 2：设置连接信息

　　在创建报表服务器项目后，需要定义一个可向报表提供数据的数据源。在 Reporting Service

中，在报表中使用的数据包含在"数据集"中。数据集包括一个指向数据源的指针和将由报表使用的查询。本实验将使用 Grade_Sys 学校成绩管理数据库作为数据源。本实验假定此数据库位于本地计算机上安装的 SQL Server 数据库引擎的默认实例中。

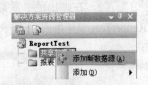

图 9-7　添加新数据源

　　（1）在"解决方案资源管理器"选项卡中右击"共享数据源"，在弹出的快捷菜单中选择"添加新数据源"命令，如图 9-7 所示。

　　（2）在弹出的"共享数据源"对话框中单击"编辑"按钮，准备新建一个数据源。在弹出的连接属性对话框中，设定服务器为（local），表示本机；选择数据库为 Grade_Sys，如图 9-8 所示。

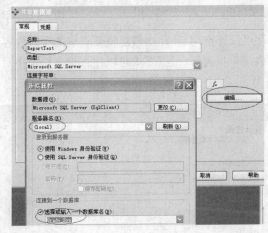

图 9-8　配置新数据源

　　（3）单击"确定"按钮后，连接字符串的信息配置完毕，默认连接名称为 ReportTest，单击"确定"按钮完成共享数据源的配置任务，如图 9-9 所示。

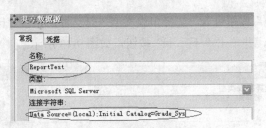

图 9-9　完成配置数据源向导的任务

9-2-2　创建第一个报表

　　在建立好 SQL Server 2005 的报表服务器后，下面的工作主要完成报表的设计。本小节主要介绍通过报表向导选择检索需要的数据源，选择创建报表的类型，指定报表的基本布局和格式设置等。

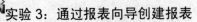**实验 3：通过报表向导创建报表**

　　（1）在上一节设置连接信息实验的基础上，右击"报表"项，在弹出的快捷菜单中选择"添

加新报表"命令，如图 9-10 所示。

（2）在弹出的"欢迎使用报表向导"对话框中单击"下一步"按钮，选择"共享数据源"为 ReportTest，并单击"下一步"按钮，如图 9-11 所示。

图 9-10　添加新报表　　　　　　　　　图 9-11　选择共享数据源

（3）下面将开始进行"设计查询"。此次假定将要查询的报表内容是："06 可视化班计算机科学导论课程每个学生的成绩单报表"，根据要求可以在查询字符串中写下 SQL 代码，如图 9-12 所示。

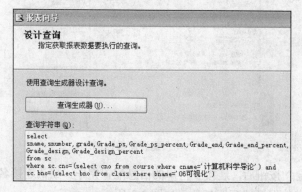

图 9-12　编写查询字符串的 SQL

（4）单击"下一步"按钮进入"选择报表类型"对话框，在该对话框中有两种格式：表格和矩阵，选择"表格格式"，并单击"下一步"按钮，如图 9-13 所示。

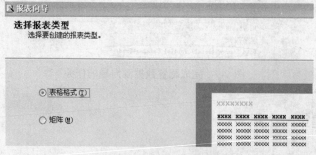

图 9-13　选择报表类型

（5）下面进入设计表的过程，不进行页面和组的字段选择，将全部的字段都放入到详细信息部分，如图 9-14 所示。

（6）接下来开始选择表样式的工作，选择"正式"的样式，如图 9-15 所示。

（7）完成向导的设计工作，取报表名称为 Report_cj1，单击"完成"按钮，结束报表向导的设计工作，如图 9-16 所示。

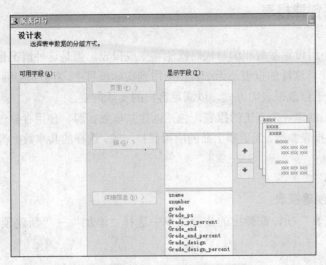

图 9-14　设计表的过程

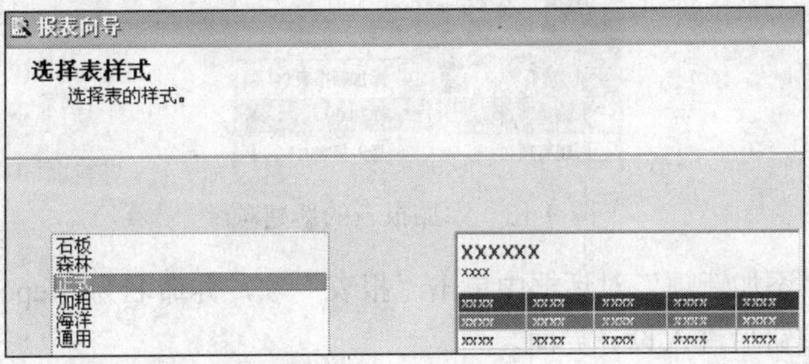

图 9-15　选择表样式

图 9-16　完成报表设计的过程

（8）预览后可以进入报表的详细设计界面，将报表的标题和表头信息进行具体修改，即可完成比较专业的报表设计工作，最终效果如图 9-17 所示。

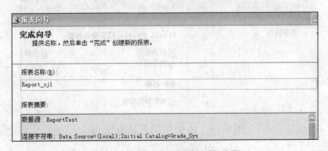

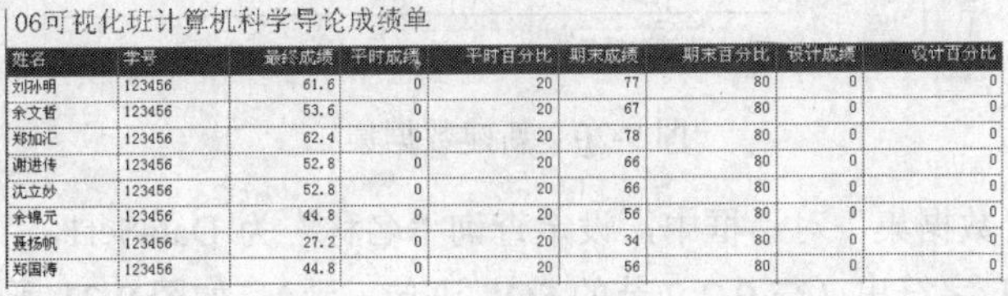

姓名	学号	最终成绩	平时成绩	平时百分比	期末成绩	期末百分比	设计成绩	设计百分比
刘孙明	123456	61.6	0	20	77	80	0	0
余文智	123456	53.6	0	20	67	80	0	0
郑加汇	123456	62.4	0	20	78	80	0	0
谢进伟	123456	52.8	0	20	66	80	0	0
沈立妙	123456	52.8	0	20	66	80	0	0
余镇元	123456	44.8	0	20	56	80	0	0
聂扬帆	123456	27.2	0	20	34	80	0	0
郑国涛	123456	44.8	0	20	56	80	0	0

图 9-17　最终完成报表的效果

9-2-3　手工创建报表

通过向导方式不用设置参数和编写代码就能够生成报表，但是这种情况也仅限于课堂的一般教学内容，也就是意味着这样的报表还无法真正应用到实际项目中。为了和实际操作中的报表一致，我们必须学会通过手工修改报表的方式，以满足客户的实际需要。

下面将通过手工创建一个真正的报表，包括创建共享数据源、使用存储过程、格式化输出、设置报表属性和使用报表参数。为了和上面的应用保持一致，选择的共享数据源依然是 ReportTest，具体的实验内容见下。

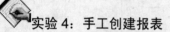

实验 4：手工创建报表

（1）右击"报表"项，在弹出的快捷菜单中选择"添加"→"新建项"命令，如图 9-18 所示。

图 9-18　添加报表的新建项

（2）在弹出的"添加新项"对话框中单击"报表"项，并命名为 Report_cj2.rdl，如图 9-19 所示。单击"添加"按钮后进入设计界面。

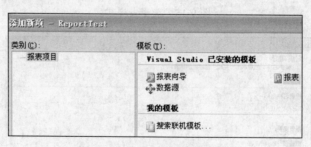

图 9-19　添加新项选择为报表

（3）在报表编辑器中选择"数据"选项卡，在报表中添加数据集。在"数据集"下拉列表框中选择"<新建数据集...>"，如图 9-20 所示。

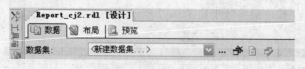

图 9-20　新建数据集

（4）在弹出的"数据集"对话框中，设定查询"名称"为 DataSet1，"命令类型"为 text 类型，并添加查询的 SQL 字符串（与 9-2-2 节的 SQL 语句一致），如图 9-21 所示。

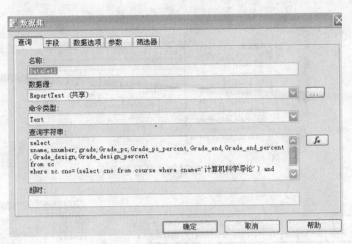

图 9-21 配置数据集查询字符串

单击"确定"按钮后的界面如图 9-22 所示。

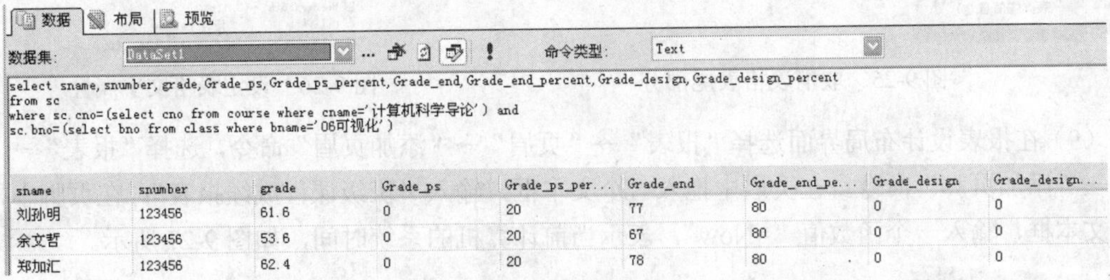

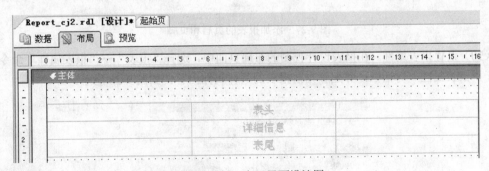

图 9-22 执行查询字符串后的运行效果

（5）切换到"布局"选项卡，在该选项卡中将编辑报表的显示样式。从工具箱中拖入一个表到报表中。默认情况下，在上面显示一个表头，中间显示详细信息，下面显示表尾。可以通过插入行和列来修改默认表，如图 9-23 所示。

Report_cj2.rdl [设计]* 起始页

数据 布局 预览

主体

表头
详细信息
表尾

图 9-23 打开布局界面设计图

（6）将数据集中的各属性信息分别拖到详细信息列中，如图 9-24 所示。

（7）取消表尾显示。在布局左侧选择一行，右击，在弹出的快捷菜单中选择"表格表尾"进行显示/隐藏切换，使得表尾隐藏，如图 9-25 所示。

（8）选择表头的具体列，打开属性窗口，选择背景色、字体等，满足个性化表格文字的设定需要，如图 9-26 所示。

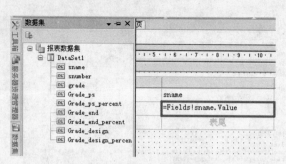

图 9-24   部署属性信息界面

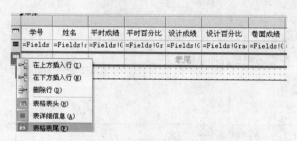

图 9-25   取消表格表尾部分

图 9-26   设定表格文字属性

（9）在报表设计布局界面选择"报表"→"页眉"→"添加页眉"命令，选择"报表"→"页脚"→"添加页脚"命令。在页眉中拖入一个文本框，输入"班级课程成绩报表"；在页脚中拖入一个文本框，输入一个函数值"=Now"，表示当前计算机的系统时间，如图 9-27 所示。

图 9-27   添加报表的页眉和页脚

（10）设置报表属性。在报表设计视图的布局页面中，选择"报表"→"报表属性"命令，可以打开"报表属性"对话框，并配置当前报表的具体属性内容，如图 9-28 所示。

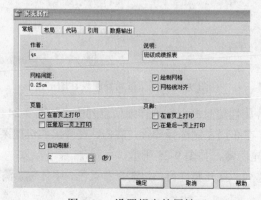

图 9-28   设置报表的属性

（11）选择预览标签，效果如图 9-29 所示。

班级课程成绩报表

学号	姓名	平时成绩	平时百分比	设计成绩	设计百分比	卷面成绩	卷面百分比	总评成绩
123456	刘孙明	0	0	0	0	67	100	67
123456	余文哲	0	0	0	0	67	100	67
123456	郑加汇	0	0	0	0	88	100	88
123456	谢进传	0	0	0	0	90	100	90
123456	沈立妙	0	0	0	0	89	100	89

图 9-29　报表预览效果

9-2-4　创建分组报表

在 SQL 中曾经学习过通过 Group by 语句进行相关数据信息的分组和利用聚集函数进行数据的统计工作，但在实际报表中进行分组统计并不像 Group by 语句如此简单，必须经过一系列的设置工作后才可以实现比较好的视觉效果。

下面首先提出这样一个案例假设，求每名学生的各科成绩和其个人这些课程的平均成绩，显然求学生个人的平均成绩就是按照学号进行分组，然后利用 AVG 函数求平均的过程，并将最终的成绩信息以报表的形式显示出来，具体内容见下面的实验。

实验 5：创建分组报表

（1）在实验 4 的基础上再建立一个报表，仍选择 DataSet1 作为数据集，并键入如下 SQL 代码："select sno,sname,cname,grade from sc,course where sc.cno=course.cno"，该代码从课程表 sc 中求每位学生的学号、姓名、课程名和该课程成绩，运行后如图 9-30 所示，则数据配置工作完毕。

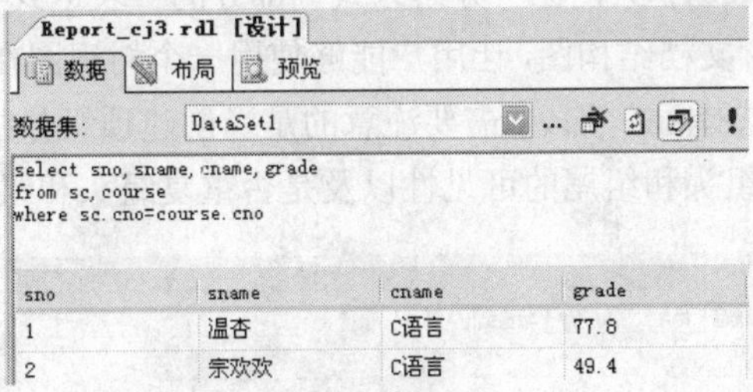

图 9-30　设置报表数据集

（2）切换到布局界面，从工具箱中拖过来一个表控件，分别将具体字段从数据集中拖到详细设计处，设置表对象格式，如图 9-31 所示。

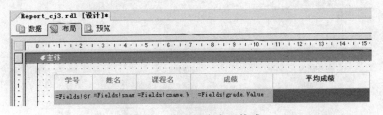

图 9-31　设置报表布局格式

（3）单击表对象边缘，再右击该边缘，在弹出的快捷菜单中选择"属性"命令，如图 9-32 所示。

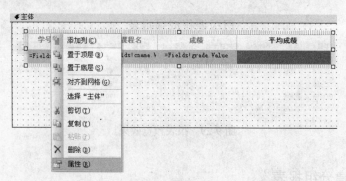

图 9-32   设置表属性

（4）打开"表属性"对话框，并切换到"组"选项卡，注意到"组"选项卡目前为空。单击"添加"按钮以创建一个新的分组，将打开"分组和排序属性"对话框，如图 9-33 所示。

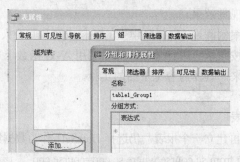

图 9-33   设置表属性的组信息

（5）将分组命名为 GroupAVG1，在"分组方式"部分的"表达式"列中选择 sno 字段。需要注意的是，如果在报表中包含文档结构图，让用户能够使用一个树视图在报表中快速导航，则在"文档结构图标签"下拉列表中选择 sno 字段。需要注意的是当创建顶级分组时，不要设置父组。最后，使用复选框设置分页方式、组头和组尾的可见性以及是否重复组头和组尾信息，如图 9-34 所示。

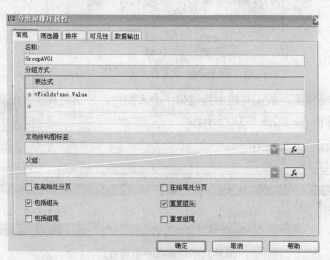

图 9-34   设置分组的详细属性

（6）创建分组时，还必须指定根据哪个字段对分组进行排序。可以切换到"排序"选项卡并选择 sno 字段，如图 9-35 所示。

图 9-35　设置分组的排序方式

（7）单击"确定"按钮关闭"分组和排序属性"对话框，并返回"表属性"对话框，此时在"组列表"中出现 GroupAVG1，单击"确定"按钮让所有的修改生效，如图 9-36 所示。

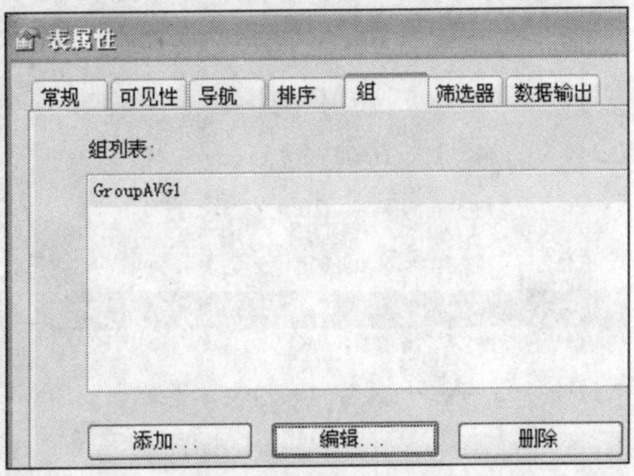

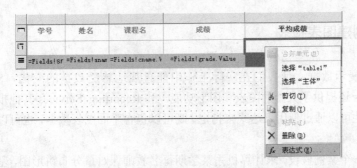

图 9-36　表属性最后的配置样式

（8）为类别创建分组后，表中将包含一个新行，就是准备进行分组的行。在平均成绩列所处的新行单元格内右击，在弹出的快捷菜单中选择"表达式"命令，如图 9-37 所示。

图 9-37　设置分组行的具体内容

（9）在弹出的"编辑器表达式"对话框中键入如下代码："=AVG(Fields!grade.Value)"，表示求成绩的平均值，单击"确定"按钮后完成设置分组的求值工作，如图 9-38 所示。

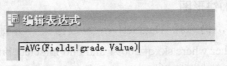

图 9-38　在编辑器表达式中利用函数求值

（10）最后设置整体背景和前景色，突出分组求值的单元格，如图 9-39 所示。分组报表设置最终的预览效果如图 9-40 所示。

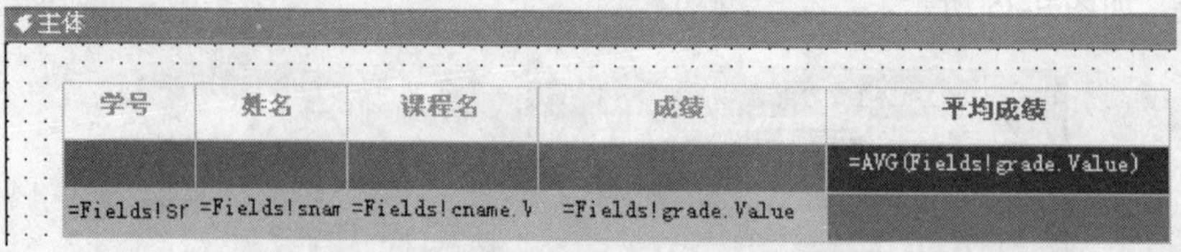

图 9-39   设置报表整体配色效果

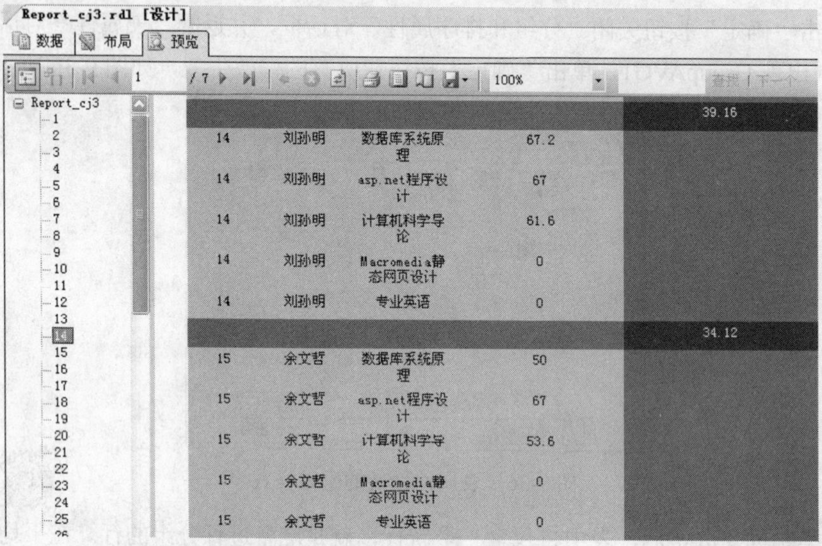

图 9-40   分组报表最终效果图

9-2-5   创建图表报表

为了更好地展示数据，使人们在实际工作中能直观地感受数据的变化，SQL Server 2005 Reporting Services 还提供了大量的图表和图形功能。和 Reporting Services 其他报表功能项一样，图表的大部分属性可以通过使用表达式来指定，既可以包含平面图表数据，也可以包含立体三维的图标设计功能。

下面再提出一个案例假设，求计算机系某学期每名教师课时量分布饼形图，基本思路就是首先求出计算机系某学期的总课时量，再求出每个教师的分课时量，并分布在饼形图之中。具体内容见下面的实验。

实验 6：在报表中添加饼形图

（1）再建立一个报表，仍选择 DataSet1 作为数据集，并键入如下 SQL 代码："select tc.*,teacher.tname from tc,teacher where skxq=20091 and bno in(select bno from class where dno=1) and teacher.tno=tc.tno"，该代码表示求授课学期为 20091 的，并且班级号码只能从单位为 1 的班号中产生（1 表示计算机系），运行后如图 9-41 所示，数据配置工作完毕。

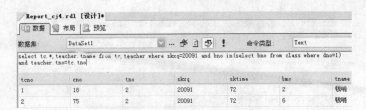

图 9-41　配置图形报表数据

（2）通过工具箱将图表添加到报表设计的主体中，右击图表并选择"属性"命令，打开"图表属性"对话框，在"图表类型"中选择"饼图"，设定"名称"为 chartpie_teachersk，输入图表的标题"2009 年第一学期计算机系教师授课课时量分布图"，如图 9-42 所示。

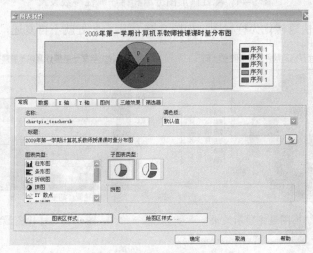

图 9-42　配置饼形图常规参数

（3）切换到"数据"选项卡，选择包含图表所需数据的数据集。选择数据集为 DataSet1，在"值"设定中，单击"编辑"按钮，弹出"编辑图表值"对话框，选择"值"为"=Sum(Fields!sktime.Value)"，表示统计课时量之和（特别注意的是，一定不要在"序列标签"中添加任何信息，否则会破坏显示效果）；同样在"编辑图表值"对话框中选择"外观"选项卡，勾选"显示标记"复选框；再切换到"点标签"选项卡中，设定其数据标签为"=sum(Fields!sktime.Value)"，单击"确定"按钮完成"值"设定工作。3 个选项卡的设置参数如图 9-43 所示。

（4）再切换到类别组中，进行"分组和排序属性"的设定工作，并以"=Fields!tname.Value"为分组条件（以教师姓名分组），具体参数如图 9-44 所示。至此，完成饼形图属性的全部配置工作。最终的预览效果如图 9-45 所示。

图 9-43　配置饼形图值参数

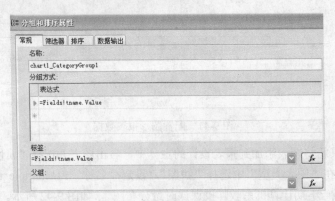

图 9-44   配置饼形图分组和排序属性参数设置

以此类推，可以快速转化为柱状图，如图 9-46 所示，此处就不再复述，请读者自行完成。

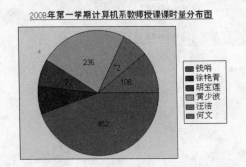

图 9-45   饼形图最终显示效果

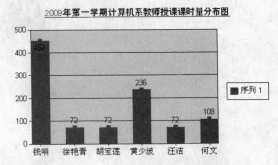

图 9-46   柱状图最终显示效果

9-3   管理基本报表

学习目标

- 掌握设置 Reporting Services 2005 Web 管理平台技术。
- 掌握利用报表管理配置 Reporting Server 的基本技术。

9-3-1   报表管理概述

Reporting Services 2005 包含一个 ASP.NET 应用程序，称为"报表管理器"。报表管理器提供了很多用于管理报表服务以及部署报表、共享数据源和数据模型的工具。另外，报表管理器还向用户提供了访问、管理和执行报表的界面。报表管理的默认 URL 是 http://localhost/reports。

本节主要介绍报表服务在进行启动时可能遇到的各种问题，以及解决这些问题的方法。只有部署好报表服务器的管理平台，才可能进一步部署和管理报表，具体步骤见下面的实验。

实验 7：设置 Reporting Services 2005 Web 管理平台

（1）在 9-2 节创建了一系列报表的项目 ReportTest，下面首先对该项目进行发布工作。选择"项目"→"ReportTest 属性"命令，将显示属性的配置界面，如图 9-47 所示。在 TargetServerURL 中录入 ReportTest 服务器地址：http://localhost/reportserver/，其初始进入的页面为 Report_cj2.rdl。

图 9-47　配置报表服务的属性页面

（2）网页预览。如果此时在网页 URL 中录入：http://localhost/reportserver/，则将弹出用户登录提示对话框，表示该浏览是禁止匿名访问的，如图 9-48 所示。

需要清楚的是，之所以可以在网页环境下访问报表服务器，主要是由于集成到 SQL Server 2005 中的 Reporting Services 已经将报表模板发布到 IIS 服务器。当客户端通过浏览器访问时，默认会弹出 Windows 集成身份验证的对话框。解决方法是，右击桌面的"我的电脑"，在弹出的快捷菜单中选择"管理"命令，在弹出的"计算机管理"控制台中选择"服务和应用程序"→"Internet 信息服务"→"网站"→"默认网站"。在"默认网站"中右击 ReportServer 虚拟目录，在弹出的快捷菜单中选择"属性"命令，弹出"ReportServer 属性"对话框，选择"目录安全性"选项卡，单击"编辑"按钮，在弹出的对话框中选中"匿名（IUSR_**）访问"复选框，这样客户端再次访问时就不会出现提示对话框了，如图 9-49 所示。

图 9-48　网页浏览时出现提示对话框

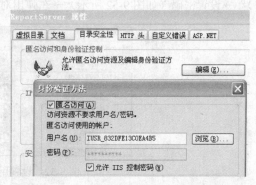

图 9-49　配置 IIS 目录安全性并允许匿名访问

再次浏览网页时，提示框问题解决后又出现网页新的问题，即客户端再次访问时，会提示 IUSR_** 访问权限不足，如图 9-50 所示。

Reporting Services 错误

为用户 "832DFE13C0EA4B5\IUSR_832DFE13C0EA4B5" 授予的权限不足，无法执行此操作。

SQL Server Reporting Services

图 9-50   提示 IUSR_** 访问权限不足

或者可以进入管理的平台界面，但是将看见一个空白的网页，什么也做不了，如图 9-51 所示。

图 9-51   报表管理器显示空白页面

（3）根据 SQL Server 2005 的帮助文档可知，如果启用报表服务器虚拟目录的匿名访问，报表服务器的所有用户连接都是使用最低权限建立的，这些最低权限不提供对服务器管理功能的访问权限。即使是本地管理员组的成员也无权访问"站点设置"菜单或为报表服务器上的存储项设置基于角色的安全性。若要启用基于角色的安全性，需要禁用报表服务器虚拟目录的匿名访问。

现在我们清楚地知道，虚拟目录访问用户 IUSR_** 必须匿名访问才可以进入 Web 页面，但是如果设为匿名访问，则 IUSR_** 用户将因为没有任何权限而无法实现对报表服务的管理，很明显这是一种矛盾的现象。唯一解决的方法，就是授予 IUSR_** 用户允许管理报表的权限。

改进的实验步骤是，除了要设置 IIS 允许匿名访问外，还需要设置 Reporting Services 站点的访问权限和 SQL Server 中数据源的用户访问权限。但前提必须是使用 Visual Studio .NET 2005 已经正确地发布了 Reporting Services 制作的报表模板到 IIS 服务器。

首先，打开"控制面板"→管理工具→计算机管理→本地用户和组→选择"IUSR_**（匿名用户）"→设置密码（如图 9-52 所示）→在弹出对话框中单击"继续"→在弹出对话框中修改密码。

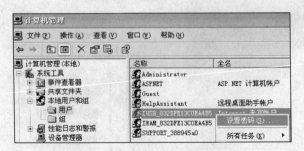

图 9-52   设置用户 IUSR_** 的密码

（4）打开 IIS 管理器，设置 ReportServer 虚拟目录为匿名访问。首先打开 IIS 管理器，在

ReportServer 虚拟目录上右击，在弹出的快捷菜单中选择"属性"命令。在"目录安全性"选项卡中找到"身份验证和访问控制"，单击"编辑..."。在弹出的"身份验证方法"对话框中选中"启用匿名访问"复选框。在密码输入框中输入在第三步中修改的密码。在"用户访问需经过身份验证"的位置，默认是选中"集成 Windows 身份验证"。这里可以不用修改它。如果去掉了"集成 Windows 身份验证"前面的勾选，则本机（IIS 服务器所在机器）对 Reporting Services Web 站点的访问也成了匿名访问。最后单击"确定"按钮，完成配置工作。如图 9-53 所示。

（5）打开 Microsoft SQL Server Management Studio，右击对象浏览器→安全性→登录名，在弹出的快捷菜单中选择"新建登录名..."命令，在弹出的对话框中进行设置。或右击"安全性"，在弹出的快捷菜单中选择"新建"→"登录"命令，如图 9-54 所示。

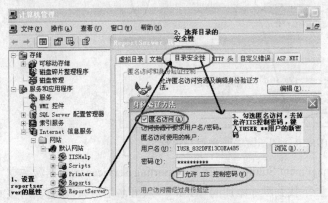

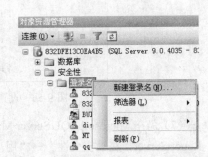

图 9-53　设置 ReportServer 的 IIS 属性　　　　图 9-54　在 Management Studio 中新建登录名

（6）在弹出的"登录名"对话框中单击"搜索"按钮，在弹出的"选择用户或组"对话框中单击"高级"按钮，打开下一个对话框，单击"立即查找"按钮，选择查找出的"IUSR_**"Windows用户，不能够全部确定，如图 9-55 所示。

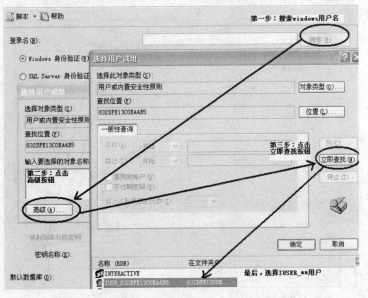

图 9-55　查找 IUSER_**用户

为 IUSR_**（匿名用户）选择 "Windows 身份验证"。在"默认数据库"下拉列表框中找到 Reporting Services 制作的报表模板的数据源数据库 Grade_Sys。在"选择页"列表中单击"用户映射"，在"用户映射"页面中选择数据源数据库 Grade_Sys、报表数据库 ReportServer 和 ReportServerTempDB，并授予 IUSR_**用户数据库角色为 db_owner，如图 9-56 所示。

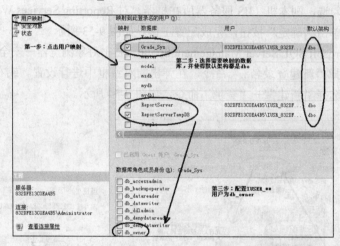

图 9-56　设置 IUSER_**用户数据库映射与角色

　　（7）仍在 Microsoft SQL Server Management Studio 中，找到 Reporting Services 的数据源数据库 ReportServer，在"安全性"→"用户"下找到刚才添加的 IUSR_**（匿名用户），设置其对该数据库的访问权限（如图 9-57 所示）。在 IUSR_**（匿名用户）上右击选择"属性"命令。在弹出的对话框中选择"安全对象"，单击"添加…"按钮。在弹出的对话框中选择"特定类型的所有对象"，单击"确定"按钮退出。在弹出的对话框中的"选择要查找的对象类型"列表框中选择"数据库"，单击"确定"按钮退出。最后，分别授予 IUSR_**用户对服务器 ReportServer 数据库服务器执行 Select、Execute、Connect、Control 权限，如图 9-57 所示。

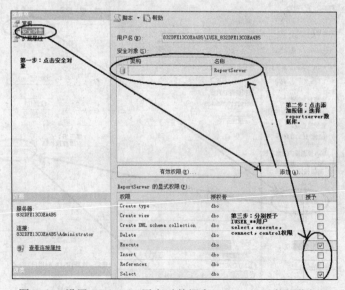

图 9-57　设置 IUSER_**用户对数据库 reportserver 的操作权限

（8）再通过其他的客户端机器访问 Reporting Services Web 站点，则不再出现 Windows 用户登录窗口。对 Reporting Services Web 站点的访问已经更改为匿名用户的访问，如图 9-58 所示。单击项目文件夹 ReportTest，查看报表情况，如图 9-59 所示。

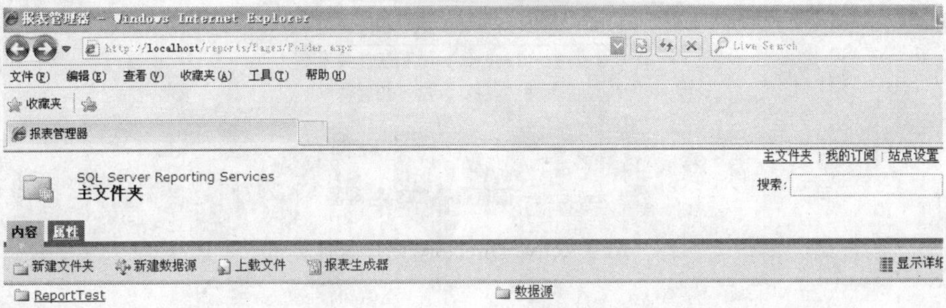

图 9-58　服务管理器平台

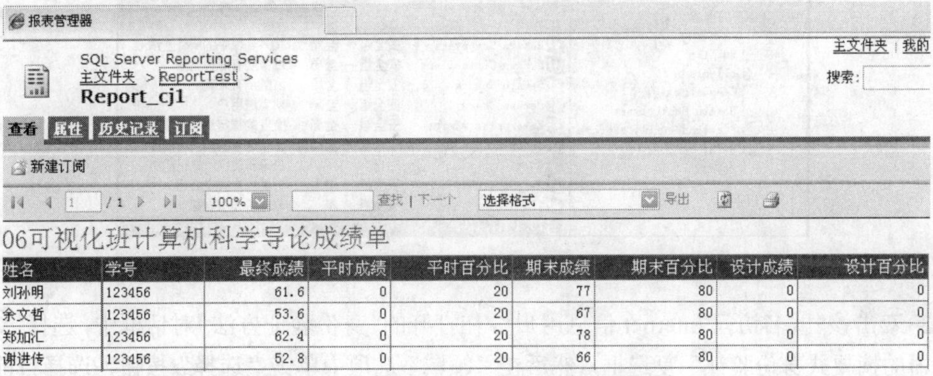

06可视化班计算机科学导论成绩单

姓名	学号	最终成绩	平时成绩	平时百分比	期末成绩	期末百分比	设计成绩	设计百分比
刘孙明	123456	61.6	0	20	77	80	0	0
余文哲	123456	53.6	0	20	67	80	0	0
郑加汇	123456	62.4	0	20	78	80	0	0
谢进传	123456	52.8	0	20	66	80	0	0

图 9-59　服务管理器平台查看报表情况

实验 8：在域控制器环境下设置 Reporting Services 2005 Web 管理平台

（1）实验 7 所完成的是本机环境下配置 Reporting Services 2005 Web 管理平台的全过程，但是如果用户已经在 Windows 环境下配置好域控制器平台，则部分细节不适用于本机环境配置。

打开"计算机管理"界面，由于已经配置好域控制器并且已经登录到该域，所以在"计算机管理"的子选项中没有本地用户和组，因此必须在活动目录（Active Directory）用户和计算机中进行相关修改，如图 9-60 所示。

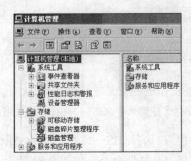

图 9-60　域控制器环境下无法找到本地用户和组

（2）选择"开始"→"程序"→"管理工具"→"Active Directory 用户和计算机"，如图 9-61
所示。在"Active Directory 用户和计算机"控制平台下选择"匿名访问 Internet 信息用户"，如图
9-62 所示。

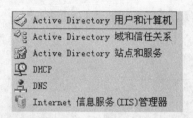

图 9-61   Active Directory 用户和计算机

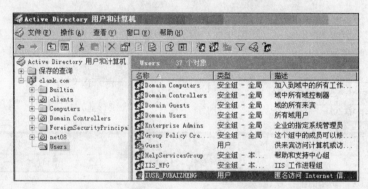

图 9-62   选择"匿名访问 Internet 信息用户"

（3）双击该"匿名访问 Internet 信息用户"，在打开的"身份验证方法"对话框中，选择"Windows
域服务器的摘要式身份验证"复选框，然后在"领域"选项中单击"选择"按钮，选择目前登录的
域，如图 9-63 所示。

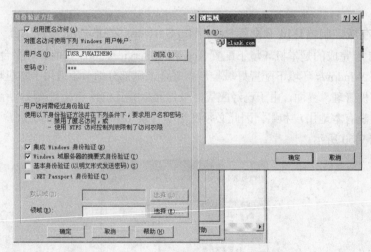

图 9-63   配置"匿名访问 Internet 信息用户"

（4）回到"计算机管理平台"，选择 IIS→"网站"→"默认网站"，在展开的服务中选择
ReportServerces 服务，右击，选择"打开"命令。如图 9-64 所示。在打开的 ReportServerces 服务

界面中，将第三步"匿名访问 Internet 信息用户"添加进来，如图 9-65 所示。

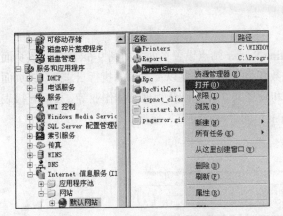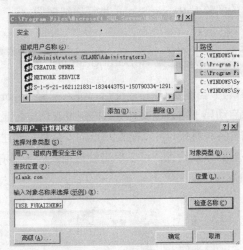

图 9-64　打开 ReportServerces 服务　　　　图 9-65　添加"匿名访问 Internet 信息用户"

（5）回到"报表项目"中，重新部署该报表项目，如果没有部署的话则无法看到报表，如图 9-66 所示。最终成功在该域用户计算机上看到已发布的报表，如图 9-67 所示。

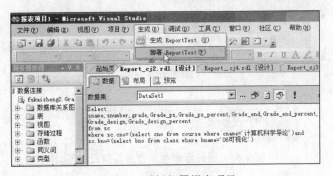

图 9-66　重新部署报表项目

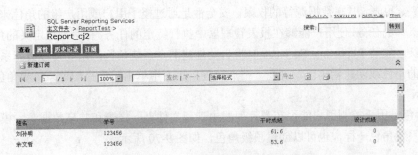

图 9-67　成功在域用户计算机上发布报表

9-3-2　利用报表管理配置 Reporting Server

Reporting Services 2005 自带的 Web 应用程序同时提供了管理报表服务器的基本功能，利用报表管理配置本地 Report Server 的默认 URL 是 http://localhost/reports/Pages/settings.aspx，下面将通过具体的实验对 Report Server 进行详细配置。

实验 9：配置 Reporting Server 实验

（1）当键入 URL 地址后，进入配置 Reporting Server 站点设置页面。如图 9-68 所示，该页面可以启动属于用户的文件夹、控制报表历史记录数和执行超时设置以及报表的执行日志等。该页面还包含各种链接，可以配置站点的安全性、创建和管理共享计划以及管理具体作业等。要配置报表服务器的站点设置，可以单击管理报表服务器右上角的"站点设置"链接。

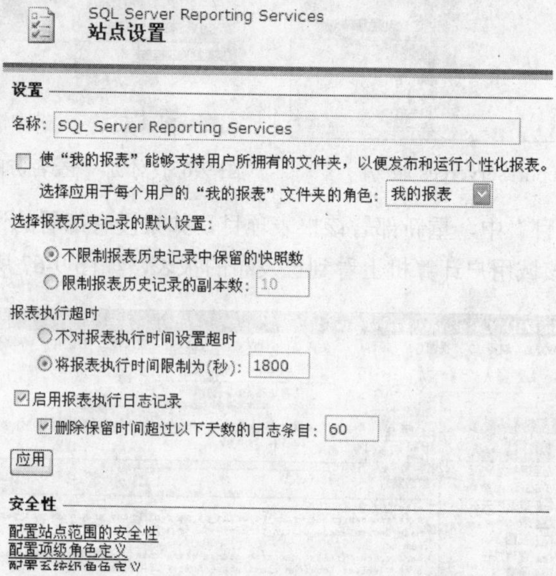

SQL Server Reporting Services
站点设置

设置

名称：SQL Server Reporting Services

☐ 使"我的报表"能够支持用户所拥有的文件夹，以便发布和运行个性化报表。

　　选择应用于每个用户的"我的报表"文件夹的角色：我的报表

选择报表历史记录的默认设置：

　　◉ 不限制报表历史记录中保留的快照数

　　◯ 限制报表历史记录的副本数：10

报表执行超时

　　◯ 不对报表执行时间设置超时

　　◉ 将报表执行时间限制为(秒)：1800

☑ 启用报表执行日志记录

　　☑ 删除保留时间超过以下天数的日志条目：60

[应用]

安全性

配置站点范围的安全性
配置项级角色定义
配置系统级角色定义

图 9-68　服务管理器平台查看报表情况

（2）管理安全性。Reporting Services 中的安全性模型利用活动目录来授权访问报表管理器和具体的文件夹、报表、共享数据源等的权限，安全性是通过授予用户或用户组的角色来实现的。角色包含一些具体的任务，使用户能够在报表管理器中执行特定的任务。有两种预定义的角色和任务：系统级和顶级。安装 Reporting Services 时将自动创建两个系统角色：系统管理员和系统用户。要修改预定义的角色或创建新角色，可在"站点设置"页面中单击链接"配置系统级角色定义"，如图 9-69 所示。

顶级角色是用于控制用户能否在表管理器中管理文件夹、报表和共享数据源、模型等任务。和创建其他系统角色一样，也可以创建顶级角色，如图 9-70 所示。

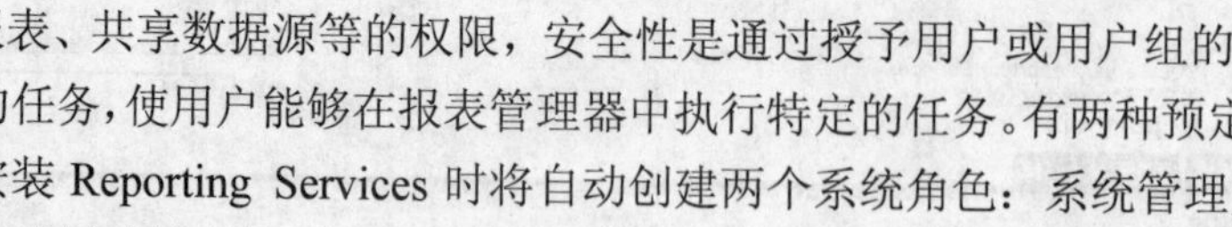

SQL Server Reporting Services
系统角色

🔧 新建角色

角色↓	说明
系统管理员	查看和修改系统角色分配、系统角色定义、系统属性和共享计划。
系统用户	查看系统属性和共享计划。

图 9-69　配置系统角色定义

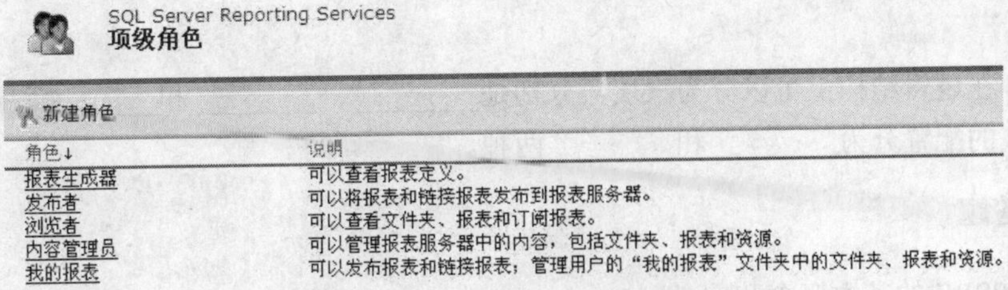

图 9-70　配置顶级角色定义

（3）配置站点范围的安全性。在默认情况下，用户组 BUILTIN\Administrators 被授予系统管理员的角色。要向其他用户或者活动目录用户组进行授权，可以首先在"站点设置"界面中单击"配置站点范围的安全性"链接，然后在"系统角色分配"页面中单击"新建角色分配"按钮，输入用户组名或者用户名，选择一个或者多个要授权的用户和用户组，单击"确定"按钮保存。具体如图9-71 所示。

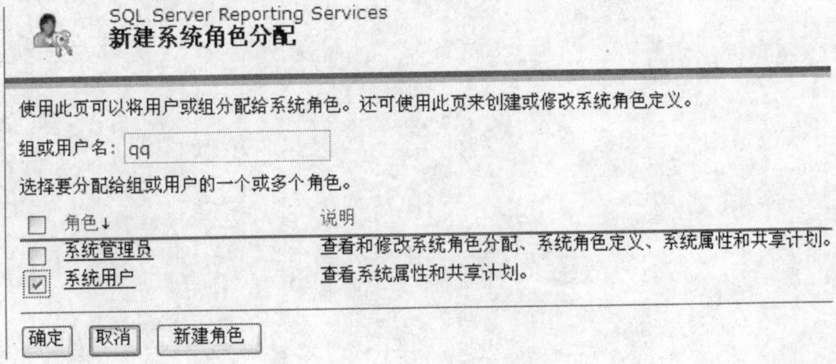

图 9-71　信建系统角色分配

本章考纲

- 了解 SSRS 的基本结构，学习 SSRS 的分层结构的特点。
- 掌握 SSRS 的基本配置和扩展配置。
- 学习并掌握创建报表服务器项目技术。
- 学习并掌握通过报表向导创建报表技术。
- 学习并掌握手工创建报表技术。
- 学习并掌握创建分组报表技术。
- 学习并掌握创建图表报表技术。

课后练习

一、填空题

1. SSRS 主要由两部分共同组成：_____ 和 _____。

2. 安装、配置 SSRS 时，数据库引擎生成两个数据库：_____ 和 _____，存储 RS 使用的信息。

3. SSRS 在逻辑结构上可以分为三层，分别是＿＿＿＿＿、＿＿＿＿＿和＿＿＿＿＿。

4. SSRS 的配置分为＿＿＿＿＿和＿＿＿＿＿两种。

二、简答题

1. 简述 SSRS 的基本概念和定义。

2. 简述手工创建报表和向导创建报表的差异。

3. 在通过 Web 方式管理 SSRS 时，如果此时在网页 URL 中录入：http://localhost/reportserver/，将弹出用户登录提示对话框，表示该浏览是禁止匿名访问的，该问题该如何解决？

附录 习题参考答案

第2章 SQL Server 2005 概述

一、填空题

1. 主数据文件（*.mdf 文件） 辅助数据文件（*.ndf 文件） 日志文件（*.ldf 文件）

2. SQL Server 服务 SQL Server Agent 服务 SQL Server 分布式事务协调程序 MS SQL Server 搜索服务

3. Windows 验证登录 SQL Server 验证登录

4. SQL Server Management Studio（主管理平台） Business Intelligence Development Studio（商务智能管理平台） SQL Server 外围应用配置器 SQL Server 配置管理器 SQL Server Profiler 数据库引擎优化顾问 命令提示实用工具

5. Enterprise（企业版） Standard（标准版） Workgroup（工作群组版） Express（免费版） Mobile（移动设备版） Developer（开发版）

6. SQL Server 2005 Visual Studio 2008 Visual Studio 2005

二、选择题

1．A 2．B 3．D 4．A

三、简单题

1．实例是运行在 SQL Server 上的数据库服务器管理单元。

SQL\EXPRESS 实例是现在 SQL Server 2005 产品的免费版，一般安装 IDE 时系统会提示是否安装该实例。大多数时候用户会选择安装该免费实例，因此该实例启动后大多是作为开发时调试用的。作为 SQL\EXPRESS 实例，在运行和访问时服务器对它有很多限制，比如最大 CPU 核心使用数量和最大内存使用数量、并发访问的用户数量等。因此 SQL\EXPRESS 实例是 MSSQL2005 Express（免费）版本的实例，一般建议不要将用户应用数据库在该环境下面进行设计和运行。

SQL 实例是由系统定义的实例，如操作系统管理员建立的实例，本机用户建立的实例，或者 DBA 建立的实例都属于这个范畴，建议将用户应用数据库在该环境下面进行设计和运行。

2．（1）没有设置为以 Sql Server 方式登录；（2）没有启用 sa 用户；（3）没有重启 SQL Server 服务

第 3 章   数据库备份与恢复技术

一、填空题

1. sp_addumpdevice
2. 为了可以恢复已损坏的数据库
3. NOINIT
4. 完全数据备份
5. 日志文件   日志文件备份
6. NO_LOG   TRUNCATE_ONLY
7. 最后一个备份

二、简答题

1. 数据库磁盘备份设备简称备份设备，是由 SQL Server 2005 提前建立的逻辑存储定义设备。之所以称为逻辑设备，是由于在建立备份设备时需要明确指定具体的磁盘存储路径，即便该磁盘存储路径并不存在，也可以正常建立一个备份设备。

2.（1）完整备份。完整备份（以前称为数据库备份）将备份整个数据库，包括事务日志部分（以便可以恢复这个备份）。完整备份代表备份完成时的数据库。通过包括在完整备份中的事务日志，可以实时用备份恢复到备份完成时的数据库。创建完整备份是单一操作，通常会安排操作定期发生。

（2）差异性备份。差异性备份是无需完全数据备份，仅仅将变化的数据存储并追加到数据库备份文件中的过程。差异性备份仅记录自上次完整备份后更改过的数据，但是比完整备份更小、更快，可以简化频繁的备份操作，减少数据丢失的风险。

（3）日志文件备份。当数据库文件发生信息更改时，其基本的操作记录将通过日志文件进行记录，对于这一部分操作信息进行的备份就是日志文件备份。

（4）三者之间的区别和联系。进行差异性备份和日志文件备份之前必须有完整备份，在完整备份的基础上，仅备份增长的数据是差异备份，仅备份操作内容到日志文件的属于日志文件备份。

3. 在进行数据库备份的时候，INIT 和 NOINIT 选项参数非常重要。

（1）使用 NOINIT 选项，SQL Server 把备份追加到现有的备份文件，也就是在原有的数据备份基础上，继续将现有的数据库追加性地继续备份到该磁盘备份文件中。

（2）使用 INIT 选项，SQL Server 将重写备份媒体集上的所有数据，即将上次备份的文件抹去，重新将现有的数据库文件写入到该磁盘备份文件中。

4.（1）RECOVERY 参数的含义：选项是系统的默认选项。该选项用于恢复最后一个事务日志或者完全数据库恢复，可以保证数据库的一致性。当使用该选项时，系统取消事务日志中任何未提交的事务，并提交任何完成的事务。在数据库恢复进程完成之后，就可以使用数据库。如果必须使用增量备份恢复数据库，就不能使用该选项。

（2）NORECOVERY 参数的含义：当需要恢复多个备份时，应使用 NORECOVERY 选项。这时，系统既不取消事务日志中任何未提交的事务，也不提交任何已完成的事务。在数据库恢复之前，数据库是不能使用的。

第 4 章 数据库转换与复制技术

一、填空题

1．源数据库 目标数据库
2．发布服务器 分发服务器 订阅服务器
3．发布服务器的角色 分发服务器的角色 订阅服务器的角色
4．快照复制 事务复制 合并复制

二、简答题

1．在转换过程中，可以很明显看到的逻辑结构差异是：主码标志丢失，数据类型改变（如 int 类型改为长整数类型，varchr 类型改变为备注类型等）等。因此，数据的导出仅仅是将具体的数据内容进行导出，而关系型数据库的全局逻辑结构并不会随之被导出，这是因为数据库管理软件的差异而产生的。

2．所谓的异构数据就是指非 SQL Server 数据库产生的数据，包括其他数据库管理系统所产生的数据都可以被导入到 SQL Server 数据库之中。

3．SQL Server Integration Services（SSIS）也被称为 SQL Server 集成服务，该集成服务是 SQL Server 2005 中面向高性能数据集成的功能组成，它有一个配套的数据流机制和控制流机制，并且可以为数据分析服务提供必要的 ETL 支持。集成服务类似以往的 DTS（SQL Server 2000 中的数据转换服务），采用包（Package）方式来执行一个个具有数据流支持的数据任务。除此之外，集成服务还有很完善的图形化管理工具和丰富的应用开发接口（API），并可以实现简单的数据导入导出所必需的向导插件、工具及任务，也有非常复杂的数据清理功能。

4．该错误主要是由于源数据和目标数据表的数据格式不一致造成的，解决方法是修改数据库的物理表的数据类型，从而与 Access 数据库对应物理表中数据属性相对应一致。

5．可能的解决办法是：
（1）由于'Sa'帐户未启用。
（2）远程连接没有设为同时使用 TCP/IP 和 Named Pipes。
（3）服务器身份验证选项为 Windows 身份验证模式。

第 5 章 SQL Server 2005 的安全性

一、填空题

1．环境级 职员级 OS 级 网络级 DBS 级
2．Windows 级别 SQL Server 级别 数据库级别

3．Windows 用户　SQL Server 用户

4．系统管理员

5．Windows 级别主体　SQL Server 级别的主体　数据库级别的主体

6．sp_grantlogin　sp_helplogins　sp_password

7．授权　拒绝　收权

8．服务器角色　数据库角色　应用程序角色

9．对称式加密　非对称密钥　加密数字证书

二、简答题

1．数据库的安全性是指在信息系统的不同层次保护数据库，防止未授权的数据访问，避免数据的泄漏、不合法的修改或对数据的破坏。

2．因为这种安全模式能够与 Windows 操作系统的安全系统集成在一起，用户的网络安全特性在网络登录时建立，并通过 Windows 域控制器进行验证，从而提供更多的安全功能。但 Windows 验证模式只能用在 Windows NT 4.0 或 Windows 2000 服务器版操作系统的服务器上，在 Windows 98 等个人操作系统上，不能使用 Windows 身份验证模式，只能使用混合验证模式。

3．（1）创建了 Windows 服务器之外的一个安全层次。

（2）支持更大范围的用户，如 Novell 网用户等。

（3）一个应用程序可以使用单个的 SQL Server 登录账号和口令。

4．（1）打开 SQL Server 外围应用配置器，选择"服务器和连接的外围应用配置器"，然后在"服务器和连接的外围应用配置器"对话框中选择"远程连接"选项卡，并将本地连接和远程连接设为同时使用 TCP/IP 和 Named Pipes，最后单击"确定"按钮，保存设置。

（2）打开 SQL Server Configuration Manager，单击 SQL Server 2005 服务，右击 SQL Server （MSSQLSERVER）选择重新启动。

5．如果指定了 WITH GRANT OPTION 子句，则获得某种权限的用户还可以把这种权限再授予其他用户。如果没有指定 WITH GRANT OPTION 子句，则获得某种权限的用户只能使用该权限，但不能传播该权限。因此使用该参数也被称为是"传播性授权"。

6．数字证书采用公钥－私钥密码体制，每个用户拥有一把仅为本人所掌握的私钥，用它进行信息解密和数字签名；同时拥有一把公钥，并可以对外公开，用于信息加密和签名验证。

第6章　自动化管理任务

一、填空题

1．电子邮件　网络消息和寻呼机

2．msdb　sysjobsteps　操作系统命令

3．50000

4．根据 SQL Server 错误定义警报　根据 SQL Server 性能条件定义警报　根据 WMI 事件定义警报

5．创建作业　创建操作员　创建警报　创建作业调度　创建步骤

二、简答题

1．所谓自动化管理任务是指系统可以根据预先的设置自动地完成某些任务和操作。

2．（1）减少了管理方面的工作负荷，使得 DBA 将精力集中在其他作业任务上，例如规划数据库的结构或者优化数据库的性能。

（2）降低因忽视重要维护任务而导致的风险。

（3）降低在执行数据库维护任务时人为错误的风险。

（4）通过警报进行主动管理，自动化地阻止一些可能问题的发生。

3．作业就是为了完成指定任务而执行的一系列操作，可以包括大量的 T-SQL 脚本、命令行应用程序、ActiveX 脚本，以及各种查询或者复制任务。

4．在 SQL Server Configuration Manager 启动 SQL Server 代理服务即可。

5．（1）警报是联系写入 Windows 事件日志中的 Microsoft SQL Server 错误消息和执行作业或发送通知的桥梁，另一方面警报也负责回应 Microsoft SQL Server 系统或用户定义的已经写入到 Windows 应用程序日志中的错误或消息。

（2）警报与作业不同之处在于，作业是由 SQL Server 代理服务来掌控的，在什么时间做什么事情都是预先定好的。我们能意识到将要处理的事情是什么样的结果，但警报不是，警报是在出现意外的情况下应该怎么去做。

第 7 章　数据库维持高可用性

一、填空题

1．镜像

2．高可用性　高级别保护　高性能模式

3．日志传送

二、选择题

1．A B C D　　2．C　　3．D　　4．B

三、简答题

数据库镜像由两个数据库必需的数据库角色组成，一个是主体服务器角色，一个是镜像服务器角色。还有一个可选的服务器角色为见证服务器角色。主体服务器（Principal Role）之主体数据库，主体数据库提供客户端应用程序的连接、查询、更新、执行相关事务等，主体数据库要求使用完全恢复模式；镜像服务器（Mirror Role）之镜像数据库，镜像数据库持续同步来自主体数据库的事务，使得镜像数据库的数据与主体数据库保持一致。镜像数据库不允许任何的连接存在，但可以对其创建数据库快照来作为只读数据库，实现用户的相关查询操作；见证服务器（Witness Server），可选的配置，用于高可用性操作模式，通过见证服务器自动侦测故障，实现角色切换和故障转移。一个

见证服务器可以为多组镜像提供服务和角色的转换。主体数据库与镜像数据库互为伙伴，当见证服务器侦测到主体服务器故障时，在高可用性模式下，实现故障自动转移后，会自动将主体服务器切换为镜像服务器角色，即角色发生了互换。

第 8 章　SQL Server 2005 分析服务

一、选择题

1．A　2．A　3．C

第 9 章　SQL Server 2005 报表服务

一、填空题

1．数据获取　报表呈现
2．ReportServer　ReportServerTempDB
3．Report Server　Report Server Catalog　Client Application
4．基本配置和扩展配置

二．简答题

1．Microsoft SQL Server Reporting Services（SSRS）是一种基于服务器的新型报表平台，可用于创建和集中管理包含来自关系数据源和多维数据源的数据的表格、矩阵、图形和自由格式报表。

2．通过向导方式不用设置参数和编写代码就能够生成报表，但这种情况也仅限于课堂的一般教学内容，也就是意味着这样的报表还无法真正应用到实际项目之中。如果报表的格式、数据填充内容、报表的整体属性都参与设计就属于手工报表。

3．除了要设置 IIS 允许匿名访问外，还需要设置 Reporting Services 站点的访问权限和 SQL Server 中数据源的用户访问权限。但前提必须是使用 Visual Studio .NET 2005 已经正确地发布了 Reporting Services 制作的报表模板到 IIS 服务器。

参考文献

[1] 胡百敬. SQL Server 2005 数据库开发详解. 北京：电子工业出版社，2007.

[2] （美）Paul Nielsen. SQL Server 2005 宝典. 赵子鹏，袁国忠，乔健译. 北京：人民邮电出
     版社，2007.

[3] 微软公司. SQL Server 2005 数据库开发与实现. 北京：高等教育出版社，2007.

参考文献

[1] 王珊. SQL Server 2005 应用与开发. 北京：机械工业出版社，2007.

[2] 刘智珺. SQL Server 2005 应用与开发. 北京：人民邮电出版社，2007.

[3] 李春葆. SQL Server 2005 数据库应用教程. 北京：清华大学出版社，2007.